Wissenschaftliche Taschenbücher

WTB

Chemie

Reinhard Kirmse
Joachim Stach

# ESR-Spektroskopie

## Anwendungen in der Chemie

Akademie-Verlag · Berlin

WTB Wissenschaftliche Taschenbücher

*Eine Auswahl lieferbarer Bände:*

*Heinrich Arnold*
**Physikalische Chemie der Halbleiter**

*Joachim Auth / Dietmar Genzow*
*Klaus H. Herrmann*
**Photoelektrische Erscheinungen**

*Hans Bandemer / Andreas Bellmann*
*Wolfhart Jung / Klaus Richter*
**Optimale Versuchsplanung**

*Frank Beichelt*
**Prophylaktische Erneuerung von Systemen**

*Joachim Bellach / Peter Franken*
*Elke Warmuth / Walter Warmuth*
**Maß, Integral und bedingter Erwartungswert**

*Wolfram Brauer*
*Hans-Waldemar Streitwolf*
**Theoretische Grundlagen der Halbleiterphysik**

*Siegfried Brehmer*
**Einführung in die Maßtheorie**

*Siegfried Brehmer*
**Hilbert-Räume und Spektralmaße**

*Ernst-Joachim Donth*
**Glasübergang**

*Hannelore Fischer / Joachim Piehler*
**Modellsysteme der Operationsforschung**

*Gottfried Fritzsche*
**Grundlagen und Entwurf passiver Analogzweipole**
Netzwerke I

*Gottfried Fritzsche*
**Entwurf passiver Analogvierpole**
Netzwerke II

**Entwurf aktiver Analogsysteme**
Netzwerke III

**Zeitdiskrete und digitale Systeme**
Netzwerke IV

*Herbert Goering*
**Asymptotische Methoden zur Lösung von Differentialgleichungen**

*Herbert Goering*
**Elementare Methoden zur Lösung von Differentialgleichungsproblemen**

*Nina Hager*
**Modelle in der Physik**

*Martin Heinrich / Heinz Ulbricht*
**Mechanik der Kontinua**

*Eduard Herlt / Nikolaus Salié*
**Spezielle Relativitätstheorie**

*Helmut Hess*
**Der elektrische Durchschlag in Gasen**

*V. I. Karpman*
**Nichtlineare Wellen in dispersiven Medien**

*A. R. Kessel*
**Akustische Kernresonanz**

*Dieter Kress*
**Theoretische Grundlagen der Signal- und Informationsübertragung**

*Karl Lanius*
**Physik der Elementarteilchen**

*Dieter Leuschner*
**Grundbegriffe der Thermodynamik**

*Dieter Michel*
**Grundlagen und Methoden der kernmagnetischen Resonanz**

*L. I. Miroschnitschenko*
**Kosmische Strahlung im interplanetaren Raum**

*Gernot Neugebauer*
**Relativistische Thermodynamik**

*Hans Neumann / Kurt Stecker*
**Temperaturmessung**

*Volker Nollau*
**Semi-Markovsche Prozesse**

*Peter Paufler*
**Phasendiagramme**

*Ulrich Röseberg*
**Quantenmechanik und Philosophie**

*Albrecht Rost*
**Messung dielektrischer Stoffeigenschaften**

*J. V. Sačkov*
**Wahrscheinlichkeit und Struktur**

*E. M. Sawizki*
**Perspektiven der Metallforschung**

*Wolfgang Schäfer*
**Theoretische Grundlagen der Stabilität technischer Systeme**

*Ernst Schmutzer*
**Symmetrien und Erhaltungssätze der Physik**

*Werner Schoenborn / Klaus Fritzsch*
*Gerd Stanke*
**Lernverfahren für technische Systeme**

*Volkmar Schuricht*
**Kernexplosionen für friedliche Zwecke**

*Hubertus Stolz*
**Supraleitung**

*Werner Stolz / Reinhold Bernhardt*
**Dosimetrie ionisierender Strahlung**

*Wolfgang Blei*
**Erkenntniswege zur Erd- und Lebensgeschichte**

**Festkörperphysik**
Entwicklungstendenzen und Anwendungsmöglichkeiten

**Die Schöpfer der physikalischen Optik**
Eine Artikelsammlung

*Renate Wahsner*
**Mensch und Kosmos**
Die copernicanische Wende

*Helmut Frimel / Josef Brock*
**Grundlagen der Immunologie**

*Roland Glaser*
**Grundriß der Biomechanik**

*Lothar Jäger*
**Grundlagen der Klinischen Immunologie**

*Klaus-Dieter Jentzsch*
**Regulation des Wachstums und der Zellvermehrung**

*Karlheinz Lohs / Dieter Martinetz*
**Entgiftung — Mittel, Methoden und Probleme**

*Joachim Nitschmann*
**Entwicklung bei Mensch und Tier**

*Peter Nuhn / Hans-Jörg Hofmann*
**Molekulare Wirkungsmechanismen von Pharmaka**

*Dieter Spaar / Helmut Kleinhempel*
*Hans Joachim Müller*
*Klaus Naumann*
**Bakteriosen der Kulturpflanzen**

*Eberhard Teuscher*
**Pharmakognosie**
Teil I–III

*Klaus Budde / Helmut Bulle*
*Helmut Rückauf*
**Stöchiometrie chemisch-technologischer Prozesse**

*Peter Hallpap / Dietmar Stadermann*
**Stereochemie organisch-chemischer Reaktionen**

*Peter Hellmold*
**Hochtemperaturreaktionen**

*Falko H. Herrmann*
*Martina Ch. Herrmann*
**Das Hämoglobin des Menschen**

*Hans-Werner Kammer / Kurt Schwabe*
**Einführung in die Thermodynamik irreversibler Prozesse**

*Hans Luppa*
**Grundlagen der Histochemie**
Teil I und II

*Hasso Meinert*
**Fluorchemie**

*Dieter Onken*
**Antibiotika – Chemie und Anwendung**

*Ernst Schmitz*
**Organische Zwischenprodukte**

*Wolfgang Wagner*
**Chemische Thermodynamik**

*Günther Wagner / Hans Kühmstedt*
**Pharmazeutische Chemie**

*Vorschau auf die nächsten Bände:*

*Jörg Donecker*
**Experimentelle Technik der Festkörperspektroskopie**

*Wolfgang Fritsche*
**Umwelt-Mikrobiologie**

*Herbert Goering / Hans-Görg Roos*
*Lutz Tobiska*
**Finite-Element-Methode**

*Manfred Knoke / Hannelore Bernhardt*
**Mikroökologie des Menschen**
Mikroflora bei Gesunden und Kranken

*Evgeni E. Nikitin / Lutz Zülicke*
**Theorie chemischer Elementarprozesse**

*Harry Paul*
**Photonen**
Experimente und ihre Deutung

*Werner Stolz*
**Messung ionisierender Strahlung**
Grundlagen und Methoden

*Gerhard Wunsch*
**Geschichte der Systemtheorie**
Dynamische Systeme und Prozesse

WTB

BAND 202

*Reinhard Kirmse*
*Joachim Stach*

# ESR-Spektroskopie

## Anwendungen in der Chemie

Mit 77 Abbildungen und 24 Tabellen

AKADEMIE-VERLAG · BERLIN

Reihe CHEMIE

Herausgegeben im Auftrage der Akademie der Wissenschaften der DDR

von:
Prof. Dr. Dr. h. c. mult. H. Klare, Berlin
Prof. Dr.-Ing. Dr. h. c. E. Leibnitz, Berlin

Verantwortlicher Herausgeber dieses Bandes:
*Prof. Dr.-Ing. Dr. h. c. E. Leibnitz*

Verfasser:
*Doz. Dr. sc. nat. Reinhard Kirmse*
*Dr. rer. nat. Joachim Stach*
Sektion Chemie
Karl-Marx-Universität Leipzig

ISSN 0084-0971

1985
Erschienen im Akademie-Verlag, DDR-1086 Berlin, Leipziger Str. 3—4

Lizenznummer: 202 · 100/464/85
Printed in the German Democratic Republic
Gesamtherstellung: VEB Druckhaus „Maxim Gorki", 7400 Altenburg
Lektor: Gisela Güntherberg
LSV 1214, 1234
Bestellnummer: 763 397 2 (7202)

01250

# Vorwort

Zunächst eine Domäne der Physiker, hat die ESR-Spektroskopie in den 60er Jahren umfassenden Einzug in die chemischen Laboratorien gefunden und ist bei der Untersuchung paramagnetischer Übergangsmetallkomplexe sowie jedweder Radikale und paramagnetischer Zentren nicht mehr wegzudenken. Als zur NMR-Spektroskopie komplementären Methode reicht ihr Aussagengefüge von der strukturchemischen Charakterisierung paramagnetischer Spezies, dem Nachweis kurzlebiger Radikale, über detaillierte Aussagen zur chemischen Bindung bis hin zu Aussagen über chemische Gleichgewichte, Reaktionsmechanismen und dynamische Prozesse. Dabei werden alle Teilgebiete der Chemie erfaßt.

Im vorliegenden Band werden vor allem Chemiker, Physiker und Biologen, aber auch fortgeschrittene Studenten dieser Disziplinen angesprochen, die sich die ESR erschließen und anwenden wollen. Es wird versucht, neben einer Einführung in die Methode, deren theoretische Grundlagen und der Spektrenanalyse unterschiedlichste Anwendungsgebiete der ESR vorzustellen. Auf umfangreiches tabellarisches Material wurde verzichtet. Vielmehr werden einzelne Beispiele bewußt detaillierter dargestellt, um das Vorgehen bei der Gewinnung der Aussagen zu illustrieren. Apparative Fragen sowie Doppelresonanzverfahren und die zeitaufgelöste ESR werden nur kurz behandelt oder stichpunktartig beschrieben, es wird auf die zitierte Literatur verwiesen.

R. Kirmse
J. Stach

# Inhalt

# 1. Grundlagen und Resonanzbedingung

Die Elektronenspinresonanz-Spektroskopie (ESR, auch EPR = „electron paramagnetic resonance"[1]) genannt) ist eine hochfrequenzspektroskopische Methode. Sie wurde 1944 in Kasan durch E. K. SAVOISKIJ [1] entwickelt. Ihr Untersuchungsgegenstand sind paramagnetische Moleküle, Radikale, kurz ungepaarte Elektronen in jedweder Form.

Um die Erscheinung der paramagnetischen Resonanz zu erklären, sei ein Teilchen, z. B. ein Elektron, mit dem magnetischen Dipolmoment $\vec{\mu}$ in einem konstanten Magnetfeld $\vec{H}$ betrachtet. Die Energie $E$ des magnetischen Dipolmoments im Magnetfeld ergibt sich aus Gl. (1):

$$E = -\vec{\mu} \cdot \vec{H} = -\mu H \cdot \cos(\vec{\mu}, \vec{H}), \qquad (1)$$

wobei $(\vec{\mu}, \vec{H})$ der Winkel zwischen den Vektoren $\vec{\mu}$ und $\vec{H}$ ist. Abbildung 1 zeigt die Abhängigkeit der Energie des magnetischen Dipols im Magnetfeld vom Winkel $\theta$ zwischen der Richtung des Magnetfeldes und der Dipolachse. Die Energie ist minimal, wenn der Winkel $(\vec{\mu}, \vec{H}) = 0$ ist, maximal dagegen bei antiparalleler Orientierung des Dipols bezüglich $\vec{H}$.

In der klassischen Physik kann der Winkel $(\vec{\mu}, \vec{H})$ beliebige Werte annehmen. Das Verhalten des Elektrons (und auch der Kerne) folgt jedoch den Gesetzen der Quantenmechanik. Es besitzt einen nichtklassischen Drehimpuls, den Elektronenspin $S$, kurz als „Spin" bezeichnet. Ein Teilchen mit dem Spin $S$ kann im Magnetfeld nur ganz bestimmte, diskrete Orientierungen einnehmen. Die Projektion des Spinvektors $\vec{S}$ auf eine durch ein

---

1) Der Begriff EPR wird in der Literatur häufig dann verwendet, wenn ungepaarte Elektronen (z. B. in paramagnetischen Übergangsmetallverbindungen) durch Bahnbeiträge beeinflußt werden.

äußeres Feld vorgegebene Richtung kann nur solche Werte $M_s$ annehmen, die sich jeweils um „1" unterscheiden, insgesamt $2S + 1$ verschiedene Werte $M_s = S, S - 1, \ldots, -S$. Der Elektronenspin quantisiert sich also entlang einer definierten Richtung

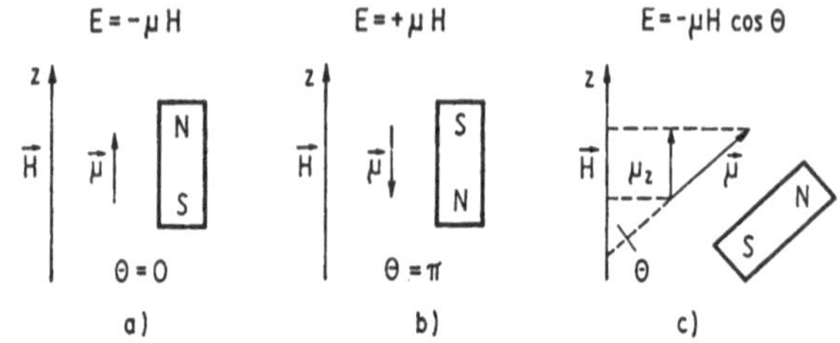


Abb. 1. Energie eines magnetischen Dipolmoments im Magnetfeld in Abhängigkeit von seiner Orientierung

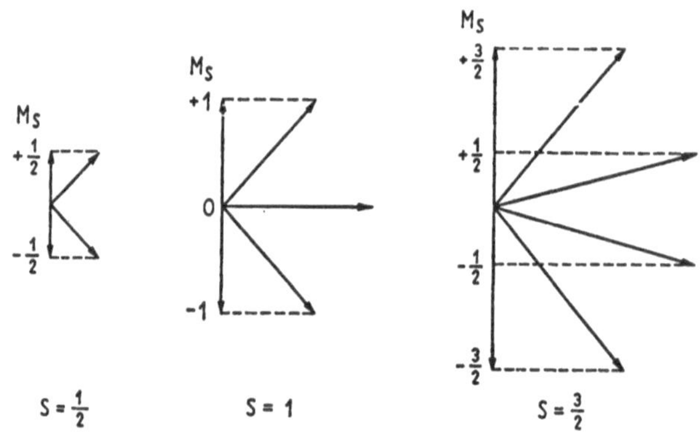


Abb. 2. Einstellmöglichkeiten ($M_S$-Projektionen) für $S = 1/2$, 1 und 3/2 bezüglich $\vec{H}$ (Quantisierungsachse)

(Magnetfeldrichtung), der „Quantisierungsachse" (Abb. 2). $M_s$ ist die Elektronenspinquantenzahl.

Die $z$-Komponente des magnetischen Spinmoments des freien Elektrons längs der Richtung des Magnetfeldes $\vec{H}$ ist gleich

$$\mu_z = -g_e \beta_e M_s, \tag{2}$$

wobei $g_e = 2{,}00232$ der sogenannte $g$-Wert des freien Elektrons und $\beta_e = e\hbar/2mc = 4{,}6688 \cdot 10^{-4}\ \mathrm{cm^{-1}/mT}$ das BOHRsche Magneton ist. Die Quantisierung der Spinmomente bezüglich einer ausgewählten Richtung führt nun zu einer Quantisierung der Energieniveaus des Spinsystems im Magnetfeld. Durch Substitution von Gl. (2) in Gl. (1) ergibt sich für die Energieniveaus die folgende Beziehung:

$$E(M_s) = g_e \beta_e H M_s. \tag{3}$$

Für ein ungepaartes Elektron ist $S = 1/2$ und $M_s$ kann die beiden Werte $M_s = \pm 1/2$ annehmen. Nach Gl. (3) nimmt die Energie ebenfalls zwei Werte an: $\pm g_e \beta_e H/2$. Diese zwei Energieniveaus werden ZEEMAN-Niveaus genannt, ihre Aufspaltung im Magnetfeld — ZEEMAN-Effekt. Der Abstand zwischen ihnen — $\Delta E = E(M_s) - E(M_s - 1) = g_e \beta_e H$ — ist proportional zum Magnetfeld (s. Abb. 3).

Mittels eines magnetischen Wechselfeldes $\vec{H}_1$ geeigneter Energie können Übergänge zwischen den ZEEMAN-Niveaus induziert

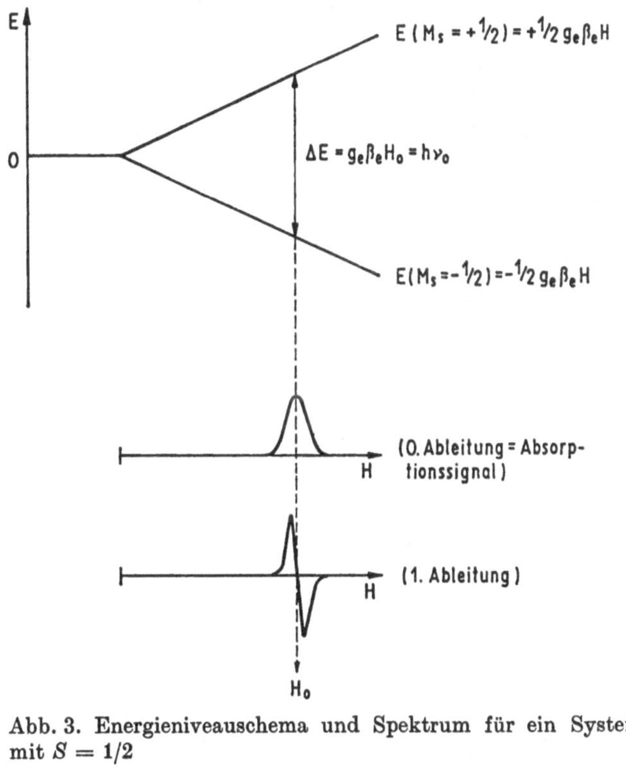


Abb. 3. Energieniveauschema und Spektrum für ein System mit $S = 1/2$

werden, wenn die Energie $h\nu_0$ mit dem Abstand zwischen den Niveaus $\Delta E$ identisch ist:

$$\Delta E = h\nu_0 = g_e\beta_e H_0. \tag{4}$$

Gleichung (4) wird als Resonanzbedingung bezeichnet. Dabei bedeutet $\nu_0$ die Frequenz (in Hz), $H_0$ die Resonanzfeldstärke und $h$ das PLANCKsche Wirkungsquantum; $g_e$ ist eine dimensionslose Größe. Übergänge im System sind nur erlaubt, wenn sich wie im vorliegenden Fall die Spinquantenzahl $M_s$ um „1" ändert, also $\Delta M_s = \pm 1$ gilt. Diese Beziehung stellt eine „Auswahlregel" dar.

Im Resonanzfall werden die Elektronenspins durch das $\vec{H}_1$-Feld in das nächsthöhere Energieniveau gebracht, wobei vom Spinsystem Energie aus dem eingestrahlten Mikrowellenfeld absorbiert wird. Diese Energieabsorption wird im ESR-Experiment nachgewiesen. Dabei wird das bei der Resonanzfeldstärke beobachtbare ESR-Signal nicht in Form eines Absorptionssignals,

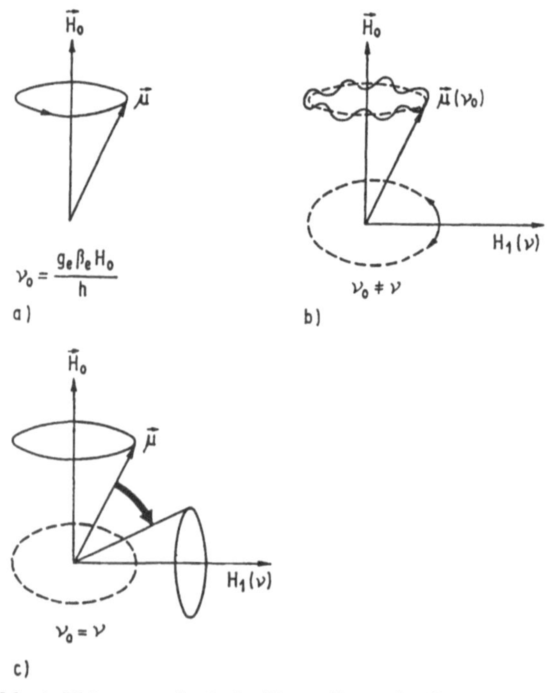


Abb. 4. Phänomenologische Darstellung des Resonanzvorganges

sondern aus Gründen der Spektrenauswertung üblicherweise als dessen 1. Ableitung registriert.

Phänomenologisch kann der Resonanzvorgang wie folgt dargestellt werden: Ein im konstanten Magnetfeld $\vec{H}_0$ befindliches Elektron mit dem magnetischen Moment $\vec{\mu} = -g_e\beta_e\vec{S}$ führt um die $\vec{H}_0$-Richtung eine Rotationsbewegung aus, die LARMOR-Präzession genannt wird und durch die LARMOR-Frequenz (Rotationsfrequenz) $\nu_0 = g_e\beta_e H_0/h$ definiert ist (Abb. 4a). Im Resonanzexperiment wird senkrecht zu $\vec{H}_0$ das schwache magnetische Wechselfeld $\vec{H}_1$ angelegt, das mit der Frequenz $\nu$ um $\vec{H}_0$ rotiert. Für unterschiedliche Frequenzwerte $\nu_0$ und $\nu$ erfolgt eine Störung der Präzession; es kommt zu einer Taumelbewegung (Abb. 4b). Bei $\nu = \nu_0$ (Resonanz!) ist das zusätzliche Drehmoment, das durch das $\vec{H}_1$-Feld erzeugt wird, bestrebt, das magnetische Moment $\vec{\mu}$ um eine in der Äquatorebene liegende, der momentanen $\vec{H}_1$-Richtung parallele Achse zu drehen. Demnach macht das magnetische Moment $\vec{\mu}$ bei Resonanz eine spiralförmige periodische Ab- und Aufwärtsbewegung (Abb. 4c), wobei es seine Energie ändert.

Nachfolgend soll die Resonanzbedingung für ein Spinsystem mit $S = 1/2$ unter Verwendung der in der Quantenmechanik üblichen Operatorschreibweise hergeleitet werden, um die Technik vorzustellen, die für kompliziertere Systeme anzuwenden ist.

Es soll gelten:

$$\hat{S}_z\psi_i = M_s\psi_i \tag{5}$$

oder

$$\hat{S}_z\psi(M_s = 1/2) = +\frac{1}{2}\,\psi(M_s = 1/2) \tag{5a}$$

und

$$\hat{S}_z\psi(M_s = -1/2) = -\frac{1}{2}\,\psi(M_s = -1/2). \tag{5b}$$

$\hat{S}_z$ ist der Elektronenspinoperator, der auf die Spinfunktionen $\psi(M_s = \pm 1/2)$ wirkt, die die Spinzustände beschreiben (Operatoren werden im weiteren mit dem Zeichen „$\hat{}$“ über den Buchstaben gekennzeichnet).

Eine weit einfachere Schreibweise ist die „bra[c]ket“-Schreibweise nach DIRAK. Hiernach wird zur Vereinfachung ein Integral der Art $\int \psi_i\hat{S}\psi_i d\tau$ durch die Kurzform $\langle\psi_i|\,\hat{S}\,|\psi_i\rangle$ wiedergegeben, wobei eine Klammersymbolik verwendet wird: $\langle\psi_i| \triangleq$ „bra“ und

$|\psi_i\rangle \triangleq$ „ket". Demnach kann (5a) und (5b) wie folgt geschrieben werden:

$$\hat{S}_z\,|1/2\rangle = \frac{1}{2}\,|1/2\rangle, \quad \hat{S}_z\,|-1/2\rangle = -\frac{1}{2}\,|-1/2\rangle. \tag{5c}$$

Die Energieeigenwerte werden aus der Beziehung (6) erhalten:

$$\hat{H}\psi_i = E_i\psi_i, \tag{6}$$

wobei $\hat{H}$ der Energieoperator ist, den wir Spin-HAMILTON-Operator nennen. Dabei muß die Funktion $\psi_i$ eine Eigenfunktion der $z$-Komponenten des Spinmoments und der Energie sein. Folglich gilt:

$$\hat{H}\,|1/2\rangle = E(1/2)\,|1/2\rangle, \ \hat{H}\,|-1/2\rangle = E(-1/2)\,|-1/2\rangle. \tag{7}$$

Da $E = -\vec{\mu}\cdot\vec{H} = -\mu_z H = g_e\beta_e H M_s$ ist, ergibt sich der Spin-HAMILTON-Operator für die ZEEMAN-Wechselwirkung zu

$$\hat{H} = g_e\beta_e H\hat{S}_z. \tag{8}$$

Man erhält:

$$\hat{H}\left|\frac{1}{2}\right\rangle = g_e\beta_e H\hat{S}_z\left|\frac{1}{2}\right\rangle = \frac{1}{2}\,g_e\beta_e H\left|\frac{1}{2}\right\rangle \tag{9a}$$

$$\hat{H}\left|-\frac{1}{2}\right\rangle = g_e\beta_e H\hat{S}_z\left|-\frac{1}{2}\right\rangle = -\frac{1}{2}\,g_e\beta_e H\left|-\frac{1}{2}\right\rangle \tag{9b}$$

sowie mit Hilfe von Gl. (6):

$$E(1/2) = \frac{1}{2}\,g_e\beta_e H \quad \text{und} \quad E(-1/2) = -\frac{1}{2}\,g_e\beta_e H. \tag{10}$$

Die Übergangsenergie zwischen den Zuständen $|1/2\rangle$ und $|-1/2\rangle$ ergibt sich nun zu

$$\Delta E = E(1/2) - E(-1/2) = g_e\beta_e H_0 = h\nu_0. \tag{11}$$

Gleichung (11) ist identisch mit der Resonanzbedingung (4).

Noch allgemeiner läßt sich das Obige wie folgt darstellen. Nach der Quantenmechanik gilt:

$$\langle\psi_i|\,\hat{H}\,|\psi_i\rangle = E_i\langle\psi_i\mid\psi_i\rangle \tag{12}$$

und für normierte Funktionen

$$\int \psi_i\psi_i\,d\tau = \langle\psi_i\mid\psi_i\rangle = 1. \tag{13}$$

Demnach ist

$$E_i = \langle \psi_i | \hat{H} | \psi_i \rangle, \tag{14}$$

woraus sich die Energieeigenwerte zu

$$E(1/2) = \left\langle \frac{1}{2} \middle| \hat{H} \middle| \frac{1}{2} \right\rangle = \frac{1}{2} g_e \beta_e H \tag{15a}$$

und

$$E(-1/2) = \left\langle -\frac{1}{2} \middle| \hat{H} \middle| -\frac{1}{2} \right\rangle = -\frac{1}{2} g_e \beta_e H \tag{15b}$$

in Übereinstimmung mit Gl. (10) ergeben.

Aus der Gleichung der Resonanzbedingung (Gl. (4), (11)) folgt, daß es zwei Möglichkeiten gibt, die Resonanzabsorption nachzuweisen:

a) Variation der Mikrowellenfrequenz $\nu_0$ bei Konstanthalten des Magnetfeldes und
b) fixieren der Frequenz und Variation des Magnetfeldes.

Aus technischen Gründen wird die Variante (b) praktiziert.

Alles bisher Gesagte ist auch für die Beschreibung von Kernspinsystemen anwendbar, wobei lediglich der Elektronenspin $S$ durch den Kernspin $I$, das Bohrsche Magneton $\beta_e$ durch das Kernmagneton $\beta_N$ und $g_e$ durch den Kern-$g$-Faktor $g_N$ zu ersetzen sind. Demzufolge kann die Resonanzbedingung für die NMR (kernmagnetische Resonanz) wie folgt formuliert werden:

$$\Delta E = h\nu = g_N \beta_N H_0. \tag{16}$$

Die Energien der Kern-Zeeman-Niveaus sind:

$$E(m_I) = -g_N \beta_N H m_I. \tag{17}$$

$m_I$ ist die Kernspinquantenzahl. Übergänge sind erlaubt für $\Delta m_I = \pm 1$ (Auswahlregel).

In einer konkreten chemischen Verbindung weicht der beobachtete $g$-Wert in der Regel infolge innerer Felder von $g_e$ ab. Weiterhin wird das ESR-Spektrum durch eine Reihe von Wechselwirkungen, die im folgenden beschrieben werden, modifiziert. Die sie beschreibenden Parameter sind stoffspezifische Größen. Aus ihnen lassen sich umfangreiche Informationen ableiten. Sie reichen von strukturellen Informationen über die Charakterisierung der chemischen Bindung, Aufklärung von Reaktionsmechanismen bis zur Bestimmung chemischer Gleichgewichte und der Ableitung thermodynamischer und kinetischer Parameter.

## 2. Elektronenspin-Kernspin-Wechselwirkung (Hyperfeinstruktur-Wechselwirkung)

Befände sich das ungepaarte Elektron nur mit dem äußeren Magnetfeld in Wechselwirkung, dann würden die ESR-Spektren nur aus einer Linie bestehen. In einer konkreten chemischen Verbindung existieren jedoch in der Regel Atome, die einen Kernspin $I \neq 0$ besitzen und somit magnetisch aktiv sind. Oft vorkommende Kerne mit $I \neq 0$ und deren Charakteristika sind in Tab. 1 zusammengestellt.

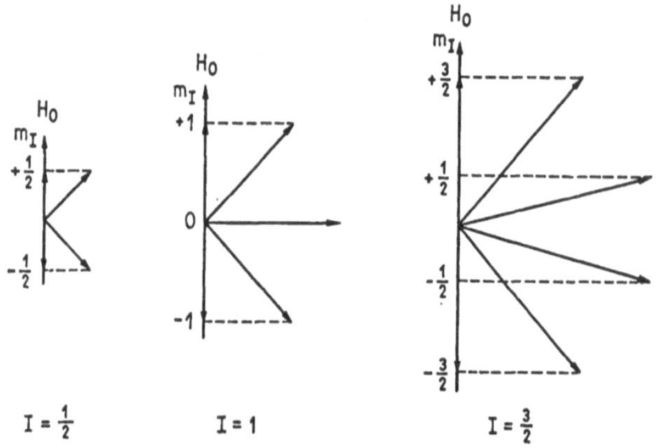


Abb. 5. Einstellmöglichkeiten des Kernspins

Der Kernspin $I$ verhält sich im Magnetfeld analog zum Elektronenspin $S$, d. h., es existieren $2I + 1$ Einstellmöglichkeiten, charakterisiert durch die Kernspinquantenzahlen $m_I = I, I - 1, \ldots, -I$ (s. Abb. 5). Der magnetisch aktive Kern erzeugt nun selbst ein magnetisches Feld $\vec{H}_{\mathrm{hfs}}$ (Hyperfeinstrukturfeld), das zusätzlich zum äußeren Magnetfeld auf das ungepaarte Elektron wirkt. Der Betrag des am Ort des Elektrons erzeugten Zusatzfeldes hängt von der Größe des Kernmoments

$$\vec{\mu}_N = +g_N \beta_N \vec{I} \tag{18}$$

und vom Abstand zwischen Kern und Elektron ab. Diese Wechselwirkung wird Hyperfeinstruktur-Wechselwirkung genannt. (Hyperfeinstruktur wird im folgenden mit der Kurzbezeichnung „*hfs*" abgekürzt.) Im Ergebnis spaltet die Resonanzlinie in ein *hfs*-

Tabelle 1
Natürliche Häufigkeit, Kernspin, Kern-$g$-Faktor $g_N$, sowie Konstanten der isotropen ($A_{iso}$) und anisotropen $h/s$ ($A^d_{zz}$) in $10^{-4}$ cm$^{-1}$ für ausgewählte Kerne.

| Kern | natürliche Häufigkeit (%) | Spin | $g_N$ | $A_{iso}$ | $(A^d_{zz}/2)$[1] |
|---|---|---|---|---|---|
| $^{1}$H | 99,985 | 1/2 | 5,5854 | 473,7 | — |
| $^{2}$H | 0,015 | 1 | 0,8574 | 72,7 | — |
| $^{7}$Li | 92,58 | 3/2 | 2,1707 | 134,1 | — |
| $^{9}$Be | 100 | 3/2 | −0,7849 | −119,4 | — |
| $^{10}$B | 19,58 | 3 | 0,6002 | 224,2 | 5,9 |
| $^{11}$B | 80,42 | 3/2 | 1,7920 | 673,8 | 17,7 |
| $^{13}$C | 1,108 | 1/2 | 1,4043 | 1037,4 | 30,3 |
| $^{14}$N | 99,63 | 1 | 0,4036 | 513,7 | 15,9 |
| $^{15}$N | 0,37 | 1/2 | −0,5661 | −720,5 | −22,4 |
| $^{17}$O | 0,037 | 5/2 | −0,7572 | −1543,7 | −48,0 |
| $^{19}$F | 100 | 1/2 | 5,2546 | 15981,1 | 505,3 |
| $^{23}$Na | 100 | 3/2 | 0,4322 | 295,5 | — |
| $^{25}$Mg | 10,13 | 5/2 | −0,3419 | — | — |
| $^{27}$Al | 100 | 5/2 | 1,4554 | 916,0 | 19,7 |
| $^{29}$Si | 4,70 | 1/2 | −1,1095 | −1127,8 | −28,9 |
| $^{31}$P | 100 | 1/2 | 2,2610 | 3395,0 | 95,7 |
| $^{33}$S | 0,76 | 3/2 | 0,4285 | 905,6 | 26,0 |
| $^{35}$Cl | 75,53 | 3/2 | 0,5473 | 1555,7 | 45,7 |
| $^{37}$Cl | 24,47 | 3/2 | 0,4555 | 1294,2 | 39,0 |
| $^{39}$K | 93,10 | 3/2 | 0,2606 | 77,1 | — |
| $^{47}$Ti | 7,28 | 5/2 | −0,3148 | −164,1 | — |
| $^{49}$Ti | 5,51 | 7/2 | −0,3149 | −164,1 | — |
| $^{51}$V | 99,76 | 7/2 | 1,4683 | 871,6 | — |
| $^{53}$Cr | 9,55 | 3/2 | −0,3157 | −210,1 | — |
| $^{55}$Mn | 100 | 5/2 | 1,3844 | 1021,7 | — |
| $^{57}$Fe | 2,19 | 1/2 | 0,25 | 150 | — |
| $^{59}$Co | 100 | 7/2 | 1,3254 | 1222,8 | — |
| $^{61}$Ni | 1,19 | 3/2 | −0,167 | −504 | — |
| $^{63}$Cu | 69,09 | 3/2 | 1,4804 | 1651,8 | — |
| $^{65}$Cu | 30,91 | 3/2 | 1,5860 | 1769,6 | — |
| $^{67}$Zn | 4,11 | 5/2 | 0,3494 | 417,3 | — |
| $^{75}$As | 100 | 3/2 | 0,9566 | 3196,2 | 85,1 |
| $^{77}$Se | 7,58 | 1/2 | 1,0667 | 4492,4 | 125,4 |
| $^{79}$Br | 50,54 | 3/2 | 1,3993 | 7251,0 | 215,5 |
| $^{81}$Br | 49,46 | 3/2 | 1,5084 | 7816,1 | 232,2 |
| $^{93}$Nb | 100 | 9/2 | 1,3652 | — | — |
| $^{95}$Mo | 15,72 | 5/2 | −0,3640 | −1176,8 | — |

Tabelle 1 (Fortsetzung)

| Kern | natürliche Häufigkeit (%) | Spin | $g_N$ | $A_{iso}$ | $(A^d_{zz}/2)$[1] |
|---|---|---|---|---|---|
| $^{97}$Mo | 9,46 | 5/2 | −0,3716 | −1201,2 | — |
| $^{99}$Tc | — | 9/2 | 1,2572 | — | — |
| $^{103}$Rh | 100 | 1/2 | −0,1758 | — | — |
| $^{105}$Pd | 22,23 | 5/2 | −0,228 | — | — |
| $^{107}$Ag | 51,82 | 1/2 | −0,2260 | −1174,1 | — |
| $^{109}$Ag | 48,18 | 1/2 | −0,2598 | −1348,9 | — |
| $^{115}$Sn | 0,35 | 1/2 | −1,8264 | — | — |
| $^{117}$Sn | 7,67 | 1/2 | −1,9898 | — | — |
| $^{127}$J | 100 | 5/2 | 1,1176 | — | — |
| $^{183}$W | 14,28 | 1/2 | 0,2300 | — | — |
| $^{195}$Pt | 33,7 | 1/2 | 1,2008 | — | — |
| $^{197}$Au | 100 | 3/2 | 0,0907 | — | — |
| $^{199}$Hg | 16,86 | 1/2 | 0,9986 | — | — |
| $^{201}$Hg | 13,24 | 3/2 | −0,4047 | — | — |
| $^{203}$Tl | 29,52 | 1/2 | 3,1920 | — | — |
| $^{205}$Tl | 70,48 | 1/2 | 3,2228 | — | — |
| $^{207}$Pb | 22,6 | 1/2 | 1,1674 | — | — |

[1] $(A^d_{zz}/2) = (2/5)\, g_e g_N \beta_e \beta_N \langle r^{-3} \rangle$.

Multiplett auf. Die Größe der Aufspaltung wird durch die *hfs*-Kopplungskonstante charakterisiert. Diese ist stoffspezifisch und soll im isotropen Medium mit „$a_0$" bezeichnet werden.

Im Gegensatz zum $g$-Wert ist $a_0$ keine dimensionslose Größe. Sie wird üblicherweise in mT, G, $cm^{-1}$ oder MHz angegeben. Bei der Umrechnung zwischen diesen Maßeinheiten sind folgende Relationen zu beachten:

$$a_0(\text{MHz}) = 2{,}80247 \cdot (g/g_e) \cdot a_0(\text{G}), \quad a_0(\text{cm}^{-1}) = (g \cdot \beta_e)\, a_0(\text{G}),$$
$$a_0(\text{cm}^{-1}) = 0{,}333564 \cdot 10^{-4} a_0(\text{MHz}), \quad 1\,\text{mT} = 10\,\text{G}.$$

## 2.1. *Mechanismen der Hyperfeinstruktur-Wechselwirkung*

Es gibt zwei verschiedene Arten von *hfs*-Wechselwirkungen: die Kontakt- und die Dipol-Dipol-Wechselwirkung. Die Dipol-Dipol-Wechselwirkung charakterisiert den Anteil der *hfs*-Wechselwirkung, der durch die Wechselwirkung zwischen den magnetischen Kern- und Elektronen-Dipol verursacht wird. Sie setzt das Vorhandensein eines ungepaarten Elektrons in einer Wellenfunktion voraus, die am Kernort einen „Knoten" (keine Aufenthaltswahrscheinlichkeit) besitzt. Dies ist für *p*-, *d*- und *f*-Funktionen gegeben. Der Teil der *hfs*, der durch eine endliche Aufenthaltswahrscheinlichkeit des Elektrons am Kernort, also durch direktem „Kontakt" zwischen Elektron und Kern entsteht, wird durch die Kontakt-Wechselwirkung beschrieben. Sie kann nur auftreten, wenn sich das ungepaarte Elektron oder „ungepaarte Spindichte" in *s*-Funktionen befindet, da nur diese am Kernort eine von Null verschiedene Aufenthaltswahrscheinlichkeit haben.

a) Dipol-Dipol-Wechselwirkung

Die magnetische Wechselwirkung zwischen den magnetischen Momenten der Elektronen und Kerne steht in völliger Analogie zur klassischen Dipolwechselwirkung zweier magnetischer Dipole. Der Ausdruck für die Wechselwirkungsenergie zwischen den beiden magnetischen Momenten $\vec{\mu}_e$ und $\vec{\mu}_N$ ergibt sich daher aus der Beziehung:

$$E_{\text{dipol}} = \frac{\vec{\mu}_e \cdot \vec{\mu}_N}{r^3} - \frac{3(\vec{\mu}_e \cdot \vec{r})\,(\vec{\mu}_N \cdot \vec{r})}{r^5}, \tag{19}$$

wobei $\vec{r}$ der Radiusvektor von $\vec{\mu}_e$ zu $\vec{\mu}_N$ und $r$ der Abstand zwischen Kern und Elektron ist. Berücksichtigt man, daß $\vec{\mu}_e = -g_e\beta_e\vec{S}$ und $\vec{\mu}_N = g_N\beta_N\vec{I}$ ist, so ergibt sich für die Dipol-Dipol-Wechselwirkung — in Operatorschreibweise — der folgende Ausdruck:

$$\hat{H}_{\text{dipol}} = -g_e\beta_e g_N\beta_N \left[\frac{\hat{\vec{I}} \cdot \hat{\vec{S}}}{r^3} - \frac{3(\hat{\vec{I}} \cdot \vec{r})\,(\hat{\vec{S}} \cdot \vec{r})}{r^5}\right]. \tag{20}$$

Dieser Term ist winkelabhängig, d. h., bei einer orientierten paramagnetischen Substanz hängt seine Größe von der Orientierung des äußeren Magnetfeldes relativ zum Molekül ab. Wenn jedoch in einer Flüssigkeit oder in einem Gas die paramagnetischen Moleküle während einer Zeit, die kürzer als die reziproke *hfs*-Frequenz $(\nu_{\text{hfs}})^{-1} = h/g\beta_e H_{\text{hfs}}$ ist, viele statistische Rotationen ausführen, so wird das *hfs*-Feld, das durch die Dipol-Dipol-Wechselwirkung des Kerns am Elektron entsteht, ausgemittelt. Der Dipol-Dipol-*hfs*-Beitrag zur *hfs*-Kopplungskonstante ist dann effektiv gleich Null.

In Festkörpern und viskosen Flüssigkeiten kann die Dipol-Dipol-Wechselwirkung beobachtet werden. Sie wird im Abschn. 3.3.3. ausführlicher dargestellt.

b) Kontakt-Wechselwirkung

Die Energie der Kontakt-Wechselwirkung wurde von FERMI berechnet und ist durch folgende Gleichung gegeben:

$$E_{\text{Kontakt}} = -(8\pi/3)\ |\psi_{ns}(0)|^2\ \vec{\mu}_e \cdot \vec{\mu}_N\,. \tag{21}$$

Dabei ist $|\psi_{ns}(0)|^2$ der Wert der Aufenthaltswahrscheinlichkeit des ungepaarten Elektrons in der $s$-Funktion mit der Hauptquantenzahl „$n$" am Kernort. In Operatorschreibweise ergibt sich der folgende Ausdruck:

$$\hat{H}_{\text{Kontakt}} = (8\pi/3)\ g_e\beta_e g_N\beta_N\ |\psi_{ns}(0)|^2\ \hat{\vec{S}} \cdot \hat{\vec{I}} = a_0\hat{\vec{S}} \cdot \hat{\vec{I}}\,. \tag{22}$$

Dieser Term ist nicht winkelabhängig und beschreibt die isotrope *hfs*; $a_0$ ist die isotrope *hfs*-Kopplungskonstante.

Die durch den gleichen Kern verursachte *hfs*-Aufspaltung kann in verschiedenen Verbindungen sehr unterschiedlich sein. Für das Proton liegt sie z. B. zwischen 50 mT (atomarer Wasserstoff) und Werten $< 0{,}1$ mT (in organischen Radikalen). Wesentlich hierfür ist neben der Größe des Kernmoments vor allem die Größe des $s$-Charakters der jeweiligen Wellenfunktion, die das ungepaarte Elektron enthält. Ist dieser Anteil gering, ergeben sich kleine $a_0$-Werte.

Für reine $p$- und $d$-Elektronen ist die Aufenthaltswahrscheinlichkeit am Kern Null, so daß keine isotrope *hfs* auftreten kann. Der Dipol-Term ist dagegen für $s$-Elektronen gleich Null. Beide *hfs*-Terme liefern demnach direkte Information über die Zusammensetzung der ellenfunktion des ungepaarten Elektrons.

Die *hfs*-Aufspaltung vieler Übergangsmetallionen und $\pi$-Radikale dürfte keinen isotropen Anteil aufweisen, da die ungepaarten Elektronen in $p$-, $d$- oder $f$-Funktionen enthalten sind. Experimentell wird jedoch eine isotrope *hfs* beobachtet. Diese hat ihre Ursache in

a) einer möglichen Konfigurationswechselwirkung (Mischung mit $d^n4s$-Zuständen z. B. ) und
b) im Auftreten einer Spinpolarisation.

Beide Mechanismen bewirken eine endliche Aufenthaltswahrscheinlichkeit des ungepaarten Elektrons am Kernort.

Der Spin-HAMILTON-Operator für das H-Atom (sowie für andere isotrope Systeme) wird erhalten, wenn man die Gln. (8) und (22) zusammenfaßt und den aus der Wechselwirkung des Kernspins mit dem Magnetfeld hervorgehenden Kern-ZEEMAN-Term mit einbezieht:

$$\hat{H}_{sp} = g\beta_e H\hat{S}_z + a_0\hat{S}\cdot\hat{I} - g_N\beta_N H\hat{I}_z. \tag{23}$$

Er wird Spin-HAMILTON-Operator genannt, da er nur auf die in den Wellenfunktionen enthaltenen Spinvariablen wirkt.

## 2.2. *Energieniveauschema und ESR-Spektrum des Wasserstoffatoms*

Im Wasserstoffatom gilt: $S = I = 1/2$. Daher sind, da sowohl die Eigenwerte $M_s$ des Operators $\hat{S}_z$ als auch die Eigenwerte $m_I$ des Operators $\hat{I}_z$ gleich $\pm 1/2$ sind, vier Spinzustände möglich:

$$\varphi_n = |M_s, m_I\rangle:\ \varphi_1 = \left|\frac{1}{2}, \frac{1}{2}\right\rangle,\ \varphi_2 = \left|\frac{1}{2}, -\frac{1}{2}\right\rangle,$$

$$\varphi_3 = \left|-\frac{1}{2}, \frac{1}{2}\right\rangle \text{ und } \varphi_4 = \left|-\frac{1}{2}, -\frac{1}{2}\right\rangle, \tag{24}$$

die als Basisfunktionen bezeichnet werden. Da die *hfs*-Wechselwirkungsenergie wesentlich kleiner als die Elektron-ZEEMAN-Energie ist, wird bei der Berechnung der Energieniveaus die Störungstheorie angewendet. Die ZEEMAN-Wechselwirkung als Hauptwechselwirkung wird durch einen HAMILTON-Operator $\hat{H}_0$ beschrieben, die *hfs*-Wechselwirkung (2. Term im Operator (23)) als Störung durch den Störoperator $\hat{H}_1$.

Die Spinfunktionen (24) sind Eigenfunktionen des Operators $\hat{H}_0$ mit den Energiewerten $E_1$, $E_2$, $E_3$ und $E_4$ in der „nullten" Näherung der Störungsrechnung, d. h. in Abwesenheit der Störung. Durch die Störung $\hat{H}_1$ werden die Wellenfunktionen und die Energien in folgender Weise verändert:

$$\psi_n = \varphi_n - \sum_{m\neq n} \frac{\langle m|\,\hat{H}_1\,|n\rangle}{E_m - E_n}\,\varphi_m \tag{25}$$

$$E_n' = E_n + \langle n|\,\hat{H}_1\,|n\rangle - \sum_{m\neq n} \frac{\langle m|\,\hat{H}_1\,|n\rangle\,\langle n|\,\hat{H}_1\,|m\rangle}{E_m - E_n}. \tag{26}$$

Die beiden letzten Glieder im rechten Teil des Ausdruckes (26) sind die Korrekturen oder Beiträge der 1. und 2. Ordnung der Störungsrechnung zur Energie. $(E_m - E_n)$ ist die Energiedifferenz zwischen den Zuständen $E_m$ und $E_n$. Die Summe läuft jeweils über alle angeregten Zustände $m$ außer dem Grundzustand $n$. $\langle n| \hat{H}_1 |n\rangle$ und $\langle m| \hat{H}_1 |n\rangle$ sind Matrixelemente des Operators $\hat{H}_1$, die wie in Gl. (15) berechnet werden.

a) Energien in nullter Ordnung der Störungstheorie

Die Energien werden durch Wirkung des Operators $\hat{H}_0$ auf die Eigenfunktionen (24) erhalten. Dazu sind die Matrixelemente $\langle M_s, m_I| \hat{H}_0 |M_s', m_I'\rangle$ zu berechnen. Entsprechend Gl. (5), Gl. (13) und der Wirkungsweise von $\hat{I}_z$ auf die Kernspinfunktionen $m_I = \pm 1/2$ (Gl. (27))

$$\hat{I}_z \left|\frac{1}{2}\right\rangle = \frac{1}{2}\left|\frac{1}{2}\right\rangle, \quad \hat{I}_z \left|-\frac{1}{2}\right\rangle = -\frac{1}{2}\left|-\frac{1}{2}\right\rangle \tag{27}$$

sind nur die Matrixelemente von Null verschieden, für die $M_s' = M_s$ und $m_I' = m_I$ gilt. So ergibt sich z. B. für die Energie $E_1$:

$$\begin{aligned} E_1 &= \langle \varphi_1| \hat{H}_0 |\varphi_1\rangle \\ &= \left\langle \frac{1}{2}, \frac{1}{2} \right| g\beta_e H\hat{S}_z - g_N\beta_N H\hat{I}_z \left| \frac{1}{2}, \frac{1}{2} \right\rangle \\ &= \frac{1}{2}\, g\beta_e H - \frac{1}{2}\, g_N\beta_N H \end{aligned} \tag{28}$$

und für die Energien der anderen drei Zustände:

$$\begin{aligned} E_2 &= \frac{1}{2}\, g\beta_e H + \frac{1}{2}\, g_N\beta_N H \\ E_3 &= -\frac{1}{2}\, g\beta_e H - \frac{1}{2}\, g_N\beta_N H \\ E_4 &= -\frac{1}{2}\, g\beta_e H + \frac{1}{2}\, g_N\beta_N H. \end{aligned} \tag{29}$$

Das Ergebnis ist in Abb. 6a schematisch dargestellt.

b) Energien in erster Ordnung der Störungsrechnung

Hierzu ist der Einfluß des Störoperators $\hat{H}_1$ (30) auf die Wellenfunktionen der nullten Näherung (24) zu betrachten:

$$\hat{H}_1 = a_0\hat{S} \cdot \hat{I} = a_0(\hat{S}_z\hat{I}_z + \hat{S}_x\hat{I}_x + \hat{S}_y\hat{I}_y). \tag{30}$$

Die Energie erhält man durch Berechnung der Matrixelemente $\langle n| \hat{H}_1 |n\rangle$ von Gl. (26). Zur besseren Handhabung werden die $x$- und $y$-Komponenten der Operatoren $\hat{S}$ und $\hat{I}$ in sog. „Schiebeoperatoren" umgewandelt:

$$\hat{S}_x\hat{I}_x + \hat{S}_y\hat{I}_y = \frac{1}{2}(\hat{S}_+\hat{I}_- + \hat{S}_-\hat{I}_+). \tag{31}$$

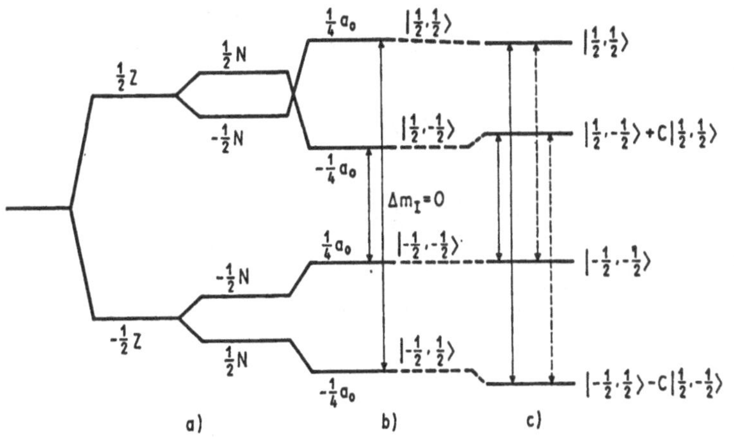


Abb. 6. Energieniveauschema des H-Atoms.
a) 0. Ordnung,
b) 1. Ordnung,
c) 2. Ordnung der Störungsrechnung
$Z = g\beta_e H, N = g_N\beta_N H, C = a_0/2(Z + N)$

Die Wirkung dieser Operatoren auf die Spinfunktionen eines Spinsystems $S = I = 1/2$ ist folgende:

$$\hat{S}_+\left|\frac{1}{2}\right\rangle = 0, \quad \hat{S}_-\left|-\frac{1}{2}\right\rangle = 0; \tag{32}$$

$$\hat{S}_+\left|-\frac{1}{2}\right\rangle = \left|\frac{1}{2}\right\rangle, \quad \text{daher ist} \quad \left\langle\frac{1}{2}\right|\hat{S}_+\left|-\frac{1}{2}\right\rangle = 1, \tag{33}$$

$$\hat{S}_-\left|\frac{1}{2}\right\rangle = \left|-\frac{1}{2}\right\rangle, \quad \text{daher ist} \quad \left\langle-\frac{1}{2}\right|\hat{S}_-\left|\frac{1}{2}\right\rangle = 1. \tag{34}$$

Analog dazu gilt:

$$\hat{I}_+\left|\frac{1}{2}\right\rangle = 0,\quad \hat{I}_+\left|-\frac{1}{2}\right\rangle = \left|\frac{1}{2}\right\rangle,$$
$$\hat{I}_-\left|\frac{1}{2}\right\rangle = \left|-\frac{1}{2}\right\rangle,\quad \hat{I}_-\left|-\frac{1}{2}\right\rangle = 0. \tag{35}$$

Die Bezeichnung „Schiebeoperatoren“ resultiert aus der Tatsache, daß bei Wirkung von $\hat{S}_+$ oder $\hat{I}_+$ auf die Spinfunktionen der $M_s$- bzw. $m_I$-Wert um „1“ erhöht wird, für $\hat{S}_-$ oder $\hat{I}_-$ jedoch um „1“ erniedrigt wird.

In der 1. Ordnung der Störungsrechnung sind folgende Matrixelemente von Null verschieden:

$$\left\langle \frac{1}{2}, \frac{1}{2}\right| a_0\hat{S}_z\hat{I}_z \left|\frac{1}{2}, \frac{1}{2}\right\rangle = \frac{a_0}{4},$$
$$\left\langle \frac{1}{2}, -\frac{1}{2}\right| a_0\hat{S}_z\hat{I}_z \left|\frac{1}{2}, -\frac{1}{2}\right\rangle = -\frac{a_0}{4},$$
$$\left\langle -\frac{1}{2}, \frac{1}{2}\right| a_0\hat{S}_z\hat{I}_z \left|-\frac{1}{2}, \frac{1}{2}\right\rangle = -\frac{a_0}{4}, \tag{36}$$
$$\left\langle -\frac{1}{2}, -\frac{1}{2}\right| a_0\hat{S}_z\hat{I}_z \left|-\frac{1}{2}, -\frac{1}{2}\right\rangle = \frac{a_0}{4};$$

alle Matrixelemente $\left\langle n\right| \frac{1}{2}(\hat{S}_+\hat{I}_- + \hat{S}_-\hat{I}_+) \left|n\right\rangle$ sind Null. Die Energien (28), (29) werden wie folgt modifiziert:

$$E_1' = E_1 + (a_0/4),\quad E_2' = E_2 - (a_0/4),\quad E_3' = E_3 - (a_0/4),$$
$$E_4' = E_4 + (a_0/4). \tag{37}$$

Abbildung 6b zeigt die neuen Energieniveaus für ein positives $a_0$.

## c) Einfluß der zweiten Ordnung der Störungsrechnung

Nunmehr ist zu untersuchen, ob es von Null verschiedene Matrixelemente des Typs $\langle m|\, \hat{H}_1\, |n\rangle$ gibt ($m \neq n$). Berücksichtigt man die Beziehungen (32) bis (35) sowie (13), so ergeben sich zwei nichtverschwindende Matrixelemente:

$$\left\langle \frac{1}{2}, -\frac{1}{2} \right| \hat{S}_+\hat{I}_- \left| -\frac{1}{2}, \frac{1}{2} \right\rangle = 1,$$
$$\left\langle -\frac{1}{2}, \frac{1}{2} \right| \hat{S}_-\hat{I}_+ \left| \frac{1}{2}, -\frac{1}{2} \right\rangle = 1. \tag{38}$$

Die Gln. (38) zeigen, daß die Funktionen $\varphi_2$ und $\varphi_3$ (Gl. (24)) miteinander mischen, während $\varphi_1$ und $\varphi_4$ unverändert bleiben. Die durch $\hat{H}_1$ nach Gl. (25) veränderten Wellenfunktionen haben folgendes Aussehen:

$$\psi_2 = \left| \frac{1}{2}, -\frac{1}{2} \right\rangle + \left(a_0/2(g\beta_e H + g_N\beta_N H)\right) \left| -\frac{1}{2}, \frac{1}{2} \right\rangle,$$
$$\psi_3 = \left| -\frac{1}{2}, \frac{1}{2} \right\rangle - \left(a_0/2(g\beta_e H + g_N\beta_N H)\right) \left| \frac{1}{2}, -\frac{1}{2} \right\rangle. \tag{39}$$

Daraus resultiert der in den Gln. (40) dargestellte Beitrag 2. Ordnung für die Energien $E_2'$ und $E_3'$:

$$E_2'' = E_2' + a_0^2/4(g\beta_e H + g_N\beta_N H),$$
$$E_3'' = E_3' - a_0^2/4(g\beta_e H + g_N\beta_N H). \tag{40}$$

Die Energien $E_1'$ und $E_4'$ werden nicht beeinflußt. Abbildung 6c zeigt das Energieniveauschema unter Berücksichtigung der 2. Ordnung der Störungsrechnung.

### d) ESR-Spektrum in 1. Ordnung der Störungsrechnung

Die Anzahl der erlaubten ESR-Übergänge ergibt sich aus den Auswahlregeln:

$$\Delta M_s = \pm 1, \quad \Delta m_I = 0. \tag{41}$$

Für das H-Atom sind daher entsprechend den Energieniveaus (37) folgende zwei Übergänge erlaubt:

$$h\nu_{13} = E_1' - E_3' = g\beta_e H_{13} + a_0/2$$
$$h\nu_{24} = E_2' - E_4' = g\beta_e H_{24} - a_0/2. \tag{42}$$

Da im ESR-Experiment bei konstanter Mikrowellenfrequenz gearbeitet wird, gilt $h\nu_{13} = h\nu_{24} = h\nu_0$ und damit:

$$g\beta_e H_{13} + a_0/2 = g\beta_e H_{24} - a_0/2 = g\beta_e H_0 . \tag{43}$$

Aus (43) ergeben sich die Resonanzfeldstärken zu

$$H_{13} = H_0 - (a_0/2g\beta_e), \quad H_{24} = H_0 + (a_0/2g\beta_e), \tag{44}$$

und damit die *hfs*-Kopplungskonstante $a_0$ in 1. Ordnung der Störungsrechnung aus

$$\Delta H = H_{24} - H_{13} = a_0/g\beta_e = a_0' . \tag{45}$$

Entsprechend Gl. (45) fällt $a_0'$ in Magnetfeldeinheiten (G oder mT) und $a_0$ in $cm^{-1}$ an.

e) Verbotene Übergänge

Die 2. Ordnung der Störungsrechnung verursacht eine Mischung von Zuständen mit unterschiedlichen $|M_s, m_I\rangle$. Damit sind auch Übergänge mit $\Delta M_s = \pm 1$ und $\Delta m_I = \pm 1$ (oder $\Delta m_I = \pm 2$ für $I > 1/2$) mit einer bestimmten Wahrscheinlichkeit möglich. Für das H-Atom sind diese Übergänge in Abb. 6 angegeben. Solche Mischungen — und damit verbotene Übergänge mit zum Teil merklicher Intensität — können z. B. unter folgenden Bedingungen auftreten:

- Die Beziehung $g\beta_e H \gg a_0$ gilt nicht mehr, d. h., die Energie der *hfs*-Wechselwirkung wird vergleichbar mit der der ZEEMAN-Wechselwirkung.
- Die Kern-ZEEMAN-Energie wird vergleichbar mit der *hfs*-Wechselwirkungsenergie.
- Die Kernquadrupol-Wechselwirkung (Abschn. 3.3.4.) erreicht die Größenordnung der *hfs*-Wechselwirkung.

Im Falle des H-Atoms bewirkt der Einfluß der 2. Ordnung der Störungsrechnung eine Verschiebung der Energien der erlaubten Übergänge um einen geringen Betrag; der Abstand zwischen beiden Resonanzsignalen bleibt jedoch unverändert. Die möglichen verbotenen Übergänge besitzen eine geringe Intensität.

Für Systeme mit $I > 1/2$ werden jedoch, abgesehen vom möglichen Auftreten verbotener Übergänge bestimmter Intensität, die Abstände zwischen den erlaubten Linien mehr oder weniger verändert.

## *2.3. Hyperfeinstruktur von Kernen mit I > 1/2*

Systeme, die einen Kern mit $I = 1$ enthalten, sind häufig, z. B. $^{14}N$ oder $^2H$ (D). Für ein System mit $S = 1/2$ und $I = 1$ sind 6 Spinzustände $|M_s, m_I\rangle$ möglich, da ein Kern mit $I = 1$ drei Einstellmöglichkeiten (Abb. 5) hat:

$$\begin{aligned}&\left|\frac{1}{2}, +1\right\rangle, \quad \left|\frac{1}{2}, 0\right\rangle, \quad \left|\frac{1}{2}, -1\right\rangle \\ &\left|-\frac{1}{2}, -1\right\rangle, \quad \left|-\frac{1}{2}, 0\right\rangle, \quad \left|-\frac{1}{2}, +1\right\rangle.\end{aligned} \tag{46}$$

In der 1. Ordnung der Störungstheorie erhält man unter Verwendung des im Abschn. 2.2. dargestellten Formalismus (der kleine Kern-ZEEMAN-Term wurde vernachlässigt) die folgenden Energien:

$$\begin{aligned}&E\left(\frac{1}{2}, 1\right) = \frac{1}{2}\, g\beta_e H_0 + \frac{a_0}{2}\\ &E\left(-\frac{1}{2}, -1\right) = -\frac{1}{2}\, g\beta_e H_0 + \frac{a_0}{2}\\ &E\left(\frac{1}{2}, 0\right) = \frac{1}{2}\, g\beta_e H_0 \qquad E\left(-\frac{1}{2}, 0\right) = -\frac{1}{2}\, g\beta_e H_0\\ &E\left(\frac{1}{2}, -1\right) = \frac{1}{2}\, g\beta_e H_0 - \frac{a_0}{2}\\ &E\left(-\frac{1}{2}, 1\right) = -\frac{1}{2}\, g\beta_e H_0 - \frac{a_0}{2}.\end{aligned} \tag{47}$$

Das erhaltene Energieniveauschema und die entsprechend den Auswahlregeln $\Delta M_s = \pm 1$, $\Delta m_I = \pm 0$ resultierenden drei erlaubten Übergänge sind in Abb. 7a dargestellt. Das zu erwartende Spektrum zeigt Abb. 7b.

Bei konstanter Mikrowellenfrequenz ergeben sich folgende Ausdrücke für die Resonanzfeldstärken:

$$H_a = H_0 - a_0/g\beta_e, \quad H_b = H_0, \quad H_c = H_0 + a_0/g\beta_e, \tag{48}$$

wobei $H_0 = (h\nu_0/g\beta_e)$ ist. Da keine entarteten (bei gleicher Energie liegenden) Zustände vorhanden sind, sind alle 3 Linien gleich intensiv. Die *hfs*-Kopplungskonstante $a_0$ ergibt sich jeweils aus dem Abstand benachbarter *hfs*-Linien; in 1. Ordnung der Störungstheorie sind die *hfs*-Linien immer äquidistant.

In gleicher Weise lassen sich alle Spinsysteme mit $S = 1/2$ und $I > 1/2$ erklären. Für die *hfs*-Wechselwirkung eines unge-

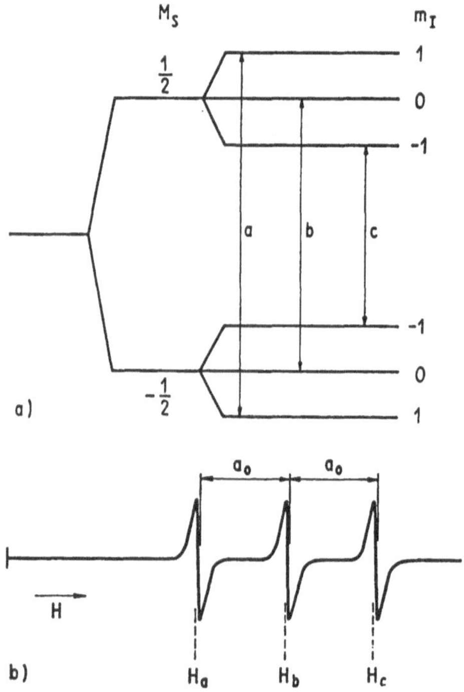


Abb. 7. Energieniveauschema (a) und Spektrum (b) für $S = 1/2$, $I = 1$

paarten Elektrons mit einem Kern mit $I = 3/2$ (z. B. Cu) resultiert, aufgrund seiner $(2I + 1) = 4$ Einstellmöglichkeiten in 1. Ordnung der Störungstheorie das in Abb. 8a dargestellte Energieniveauschema.

Die Resonanzfeldstärken ergeben sich zu

$$\begin{aligned} H_a &= H_0 - (3a_0/2g\beta_e), \quad H_b = H_0 - (a_0/2g\beta_e), \\ H_c &= H_0 + (a_0/2g\beta_e) \quad \text{und} \quad H_d = H_0 + (3a_0/2g\beta_e). \end{aligned} \tag{49}$$

Das ESR-Spektrum (Abb. 8b) besteht aus vier erlaubten, äquidistanten Linien gleicher Intensität. $a_0$ erhält man wiederum aus dem Abstand zweier benachbarter *hfs*-Linien; die für die $g$-Wert-

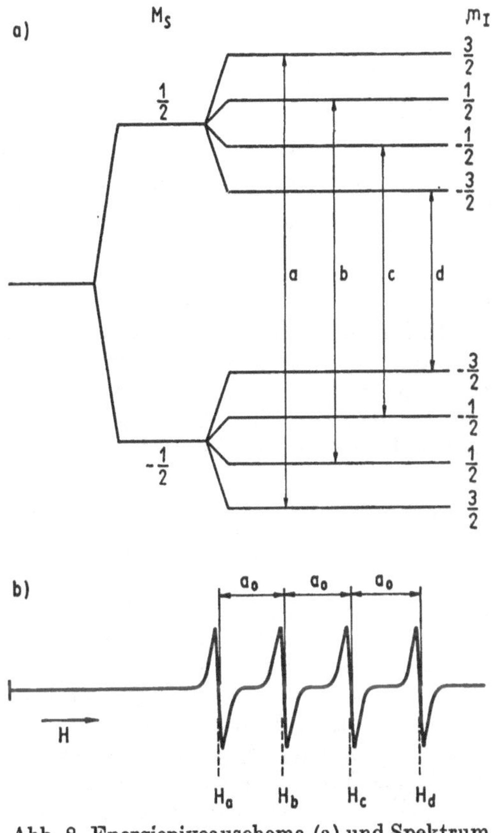


Abb. 8. Energieniveauschema (a) und Spektrum (b) für $S = 1/2$ $I = 3/2$

Berechnung erforderliche Feldstärke $H_0$ wird durch geeignete Kombinationen der Ausdrücke Gl. (49) erhalten.

An dieser Stelle soll der Einfluß der 2. Ordnung der Störungstheorie betrachtet werden. Ihre Berücksichtigung ergibt für die

Resonanzfeldstärken der einzelnen *hfs*-Linien den folgenden Ausdruck:

$$H(m_I) = H_0 - \frac{a_0}{g\beta_e} m_I - \frac{a_0^2}{2g^2\beta_e^2 H_0} [I(I+1) - m_I^2]. \tag{50}$$

Hierdurch werden für einen Kern mit $I = 3/2$ die Resonanzfeldstärken (49) wie folgt verändert:

$$\begin{aligned} H\left(\frac{3}{2}\right) &= H_a - a^x \cdot \frac{3}{2}, \quad H\left(\frac{1}{2}\right) = H_b - a^x \cdot \frac{7}{2}, \\ H\left(-\frac{1}{2}\right) &= H_c - a^x \cdot \frac{7}{2}, \quad H\left(-\frac{3}{2}\right) = H_d - a^x \cdot \frac{3}{2}, \end{aligned} \tag{51}$$

wobei $a^x = (a_0^2/2g^2\beta_e^2H_0)$ ist.

Aus den Beziehungen (51) ist ersichtlich, daß die Beiträge der 2. Ordnung der Störungstheorie die Äquidistanz der *hfs*-Linien zerstören. $a_0$ wie auch $H_0$ kann bei merklichen Beiträgen der 2. Ordnung nicht mehr in der beschriebenen einfachen Weise den Spektren entnommen werden. Man erhält diese Parameter durch geeignete Kombinationen der Gln. (51).

## 2.4. *Hyperfeinstruktur-Wechselwirkung mit mehreren Kernen*

Etliche paramagnetische Moleküle enthalten mehrere magnetische Kerne. Oft findet man Gruppen magnetisch äquivalenter Kerne. Die magnetische Äquivalenz kann eine Folge der Symmetrie der Moleküle sein, sie kann aber auch zufällig hervorgerufen werden. ESR-Spektren von Verbindungen mit mehreren magnetischen Kernen sind oft linienreich, wobei aufgrund von Linienüberlappungen Schwierigkeiten bei der Interpretation auftreten können. In diesem Abschnitt werden Grundlagen für die Interpretation genannt.

### 2.4.1. *Äquivalente Kerne*

Zunächst soll ein System betrachtet werden, in dem das ungepaarte Elektron mit zwei äquivalenten Kernen mit $I = 1/2$ in Wechselwirkung steht. Ein Kern mit $I = 1/2$ spaltet die Elektron-

ZEEMAN-Niveaus, wie in Abb. 6 dargestellt, in jeweils zwei Unterniveaus auf. Die Wechselwirkung mit einem weiteren äquivalenten Kern bewirkt eine nochmalige Aufspaltung gleicher Art (Abb. 9).

$M_I$ ist die sich aus $m_I(1)$ und $m_I(2)$ zusammensetzende Gesamt-Kernspinquantenzahl des Gesamt-Kernspins $I_{ges} = I(1) + I(2)$ $= \frac{1}{2} + \frac{1}{2} = 1$.

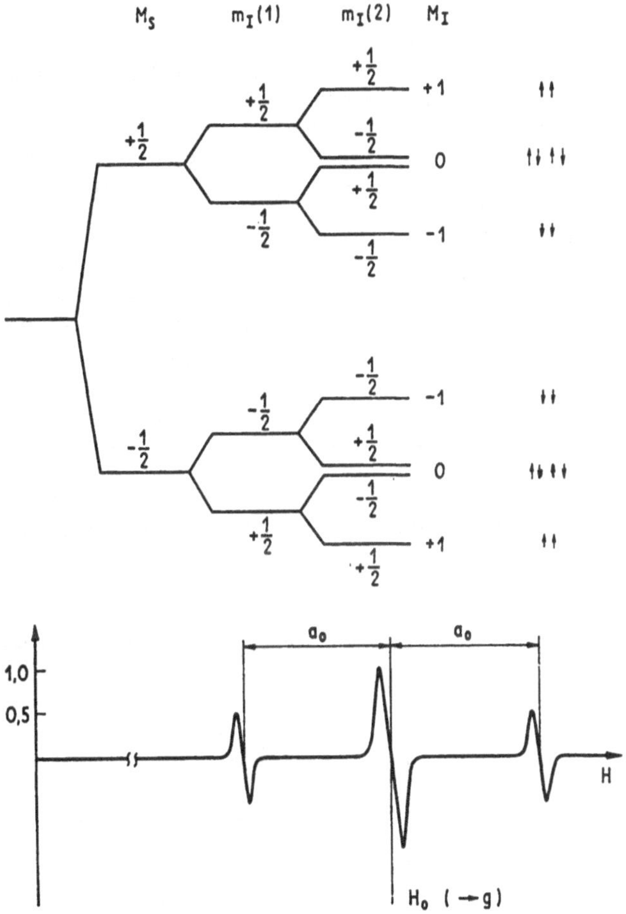


Abb. 9. Energieniveauschema und Spektrum eines Systems mit $S = 1/2$ und zwei äquivalenten Kernen mit $I = 1/2$

Das bei der zweiten Aufspaltung entstehende mittlere Unterniveau ($M_I = 0$) ist zweifach entartet. Im Ergebnis erhält man eine *hfs*-Aufspaltung in ein Linientriplett von erlaubten Linien mit dem Intensitätsverhältnis 1:2:1 (die Auswahlregel für den Kernspin ist jetzt: $\Delta M_I = 0$). Die *hfs*-Kopplungskonstante ergibt sich — in 1. Ordnung der Störungstheorie — aus dem Abstand benachbarter Linien (s. Abb. 9); die zur Berechnung des $g$-Wertes notwendige Feldstärke $H_0$ ist identisch mit der Resonanzfeldstärke der mittleren Linie.

Die doppelte Entartung der $M_I = 0$-Zustände wird auch verständlich, wenn man die für jedes $M_I$ möglichen Kernspin-Kombinationen der beiden Kerne betrachtet. Danach existieren für die $M_I = 0$-Zustände zwei mögliche Kombinationen (s. Abb. 9), woraus das statistische Gewicht dieser Zustände und demnach die relative Intensität des entsprechenden Übergangs doppelt so groß wie für die $M_I = \pm 1$-Zustände ist.

Liegen drei äquivalente Kerne mit $I = 1/2$ vor, dann erfolgt eine weitere Aufspaltung im oben diskutierten Schema. Die für das $M_s = +1/2$-Niveau resultierende Aufspaltung, die möglichen Kernspin-Kombinationen und das ESR-Spektrum sind in Abb. 10 dargestellt. Die Aufspaltung des $M_s = -1/2$-Niveaus ist völlig analog.

Das Intensitätsverhältnis resultiert aus 3 möglichen Kernspin-Kombinationen für die $M_I = \pm 1/2$-Zustände, die demnach dreifach entartet sind.

Bei $n$ Kernen mit $I = 1/2$ ergibt sich die Gesamtzahl $N$ der zu erwartenden, äquidistanten Linien nach der Beziehung

$$N = 2nI + 1, \tag{52}$$

wobei sich die Intensitäten wie die Binomialkoeffizienten verhalten:

| | $n$ |
|---|---|
| 1 1 | 1 |
| 1 2 1 | 2 |
| 1 3 3 1 | 3 |
| 1 4 6 4 1 | 4 |
| 1 5 10 10 5 1 | 5 |
| 1 6 15 20 15 6 1 | 6 |

Gleichung (52) hat für die Ermittlung der Anzahl von *hfs*-Linien allgemeine Bedeutung. Sie gilt auch für äquivalente Kerne mit $I > 1/2$. Die Bestimmung des relativen Intensitätsverhältnisses ist jedoch für Kerne mit $I > 1/2$ nicht wie oben gezeigt möglich. Sie erfolgt am geeignetsten über das aufgezeichnete Energieniveau-

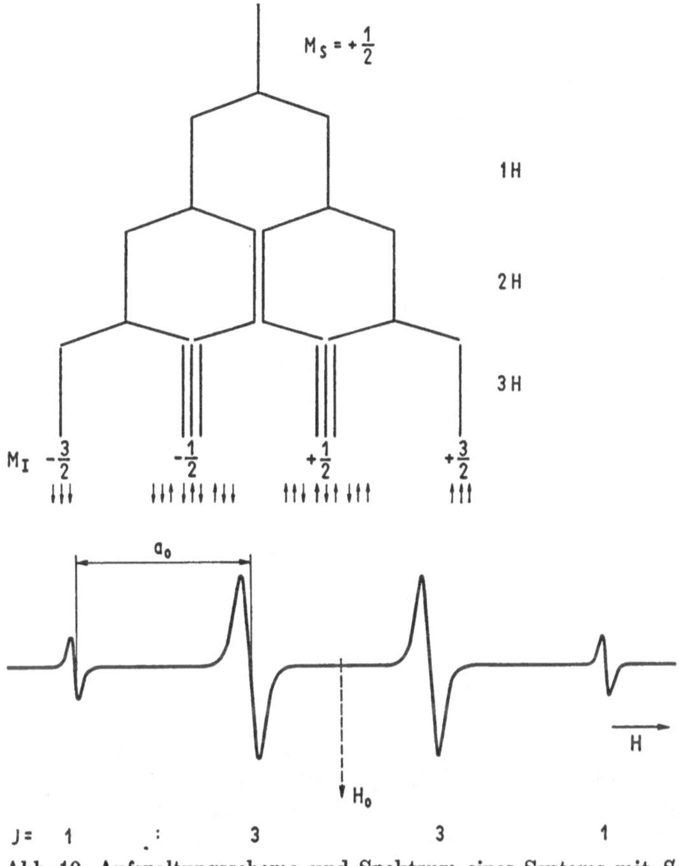


Abb. 10. Aufspaltungsschema und Spektrum eines Systems mit $S = 1/2$ und drei äquivalenten Kernen mit $I = 1/2$

schema. Die Verhältnisse für ein System mit $S = 1/2$ und zwei äquivalenten Kernen mit $I = 1$ (z. B. $^{14}N$) sind in Abb. 11 dargestellt. Man erhält $2nI + 1 = 2 \cdot 2 \cdot 1 + 1 = 5$ äquidistante *hfs*-Linien mit dem Intensitätsverhältnis 1:2:3:2:1.

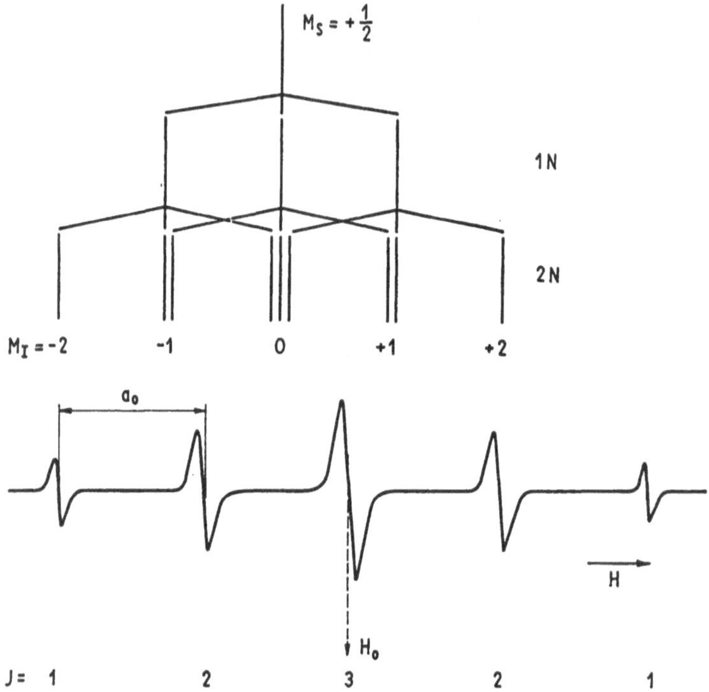


Abb. 11. ESR-Spektrum für $S = 1/2$ und 2 äquivalente Kerne mit $I = 1$

## 2.4.2. *Nichtäquivalente Kerne*

Magnetisch nichtäquivalente Kerne sind im allgemeinen Fall durch unterschiedliche *hfs*-Kopplungskonstanten charakterisiert. Das einfachste Beispiel ist die Wechselwirkung eines ungepaarten Elektrons mit zwei gleichen, aber strukturell nicht äquivalenten Kernen mit dem Kernspin $I_1 = I_2 = 1/2$. Das Energieniveauschema ist in Abb. 12 dargestellt. Im Gegensatz zum in Abb. 9 gezeigten Fall sind jetzt keine entarteten Zustände vorhanden; das ESR-Spektrum besteht aus vier Linien gleicher Intensität. In 1. Ordnung der Störungstheorie liegen die Linien bei

$$H = H_0 - \frac{1}{g\beta_e} [a_0(1)\, m_I(1) + a_0(2)\, m_I(2)] . \tag{53}$$

Allgemein ergibt sich für ein System mit $n$ nichtäquivalenten Kernen die Gesamtzahl der *hfs*-Linien $N$ gleicher Intensität zu

$$N = (2I_1 + 1)(2I_2 + 1) \cdots (2I_n + 1). \tag{54}$$

Dies gilt auch für Kernspins $I_i > 1/2$. Für das behandelte Beispiel ergibt sich: $N = \left(2 \cdot \frac{1}{2} + 1\right)\left(2 \cdot \frac{1}{2} + 1\right) = 4$ Linien.

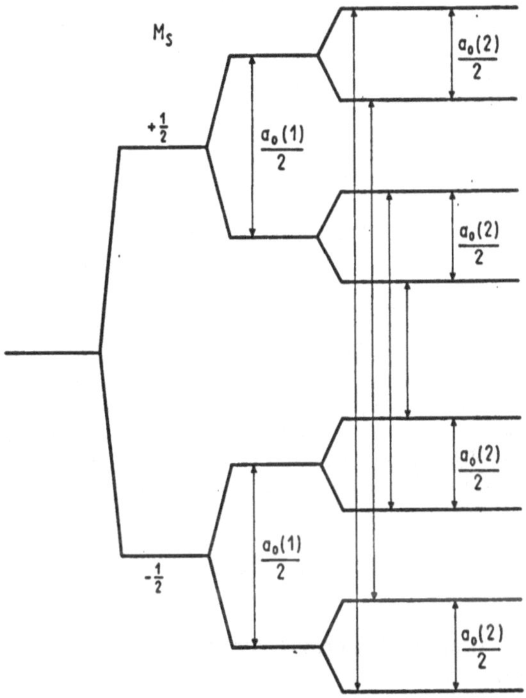


Abb. 12. Energieniveauschema für $S = 1/2$ und 2 nichtäquivalente Kerne mit $I = 1/2$ (exper. Spektrum s. Abb. 56, S. 127)

Für ein System, bestehend aus zwei nichtäquivalenten Kernen mit $I = 1$ und einem Kern mit $I = 1/2$ erhält man:

$N = 3 \cdot 3 \cdot 2 = 18$ Linien.

Sind von den $n$ Kernen einige äquivalent, so daß $m$ Gruppen jeweils äquivalenter Kerne vorhanden sind, dann reduziert sich die Anzahl der *hfs*-Komponenten zu

$$N = (2n_1 I_1 + 1)(2n_2 I_2 + 1) \cdots (2n_m I_m + 1), \qquad (55)$$

wobei $n_i$ die Anzahl äquivalenter Kerne einer Gruppe mit dem gleichen Kernspin $I_i$ bedeutet. Dabei haben die *hfs*-Linien, die zu einer Gruppe äquivalenter Kerne gehören, die gleichen relativen Intensitäten, wie sie bereits im Abschn. 2.4.1. beschrieben wurden.

Bei der Spektrenanalyse muß man beachten, daß die *hfs*-Konstanten $a_0(i)$ verschiedener Gruppen oder Kerne ihrer Größe nach Vielfache voneinander sein können. Dies führt zu Linienüberlagerungen und damit zu einer Veränderung der Komponentenzahlen sowie der relativen Intensitäten (s. Abschn. 8.2.2.).

### 2.4.3. *Kerne mit natürlichen Häufigkeiten* < 100%

Bei einer Reihe von Elementen ist die natürliche Häufigkeit der Isotope mit $I \neq 0$ kleiner als 100%. Typische Beispiele sind $^{13}C$ ($I = 1/2$), $^{33}S$ ($I = 3/2$), $^{77}Se$ ($I = 1/2$) u. a. (s. hierzu Tab. 1, S. 19). Die sich aus der Wechselwirkung solcher Kerne mit dem ungepaarten Elektron ergebenden *hfs*-Aufspaltungen sind völlig analog zu den beschriebenen. Die Intensitäten dieser *hfs*-Linien sind jedoch entsprechend der natürlichen Häufigkeiten geringer, so daß diese Linien in der Regel als Satellitenlinien erscheinen. Bei der Ermittlung ihrer Anzahl sind Wahrscheinlichkeitsbetrachtungen anzustellen (s. Beispiele im Abschn. 8.2.1.).

## 2.5. *Experimentelle Bestimmung von* $g_0$ *und* $a_0$

Die Bestimmung des $g$-Wertes von Systemen ohne *hfs*-Wechselwirkung in isotropen Medien geschieht mit Hilfe der umgestellten Resonanzbedingung (4):

$$g_0 = h\nu_0/\beta_e H_0, \qquad (56)$$

$H_0$ — gemessene Resonanzfeldstärke.

Da aber die Frequenz $\nu_0$ oft nicht hinreichend genau gemessen werden kann, verwendet man einen Standard: das aus einer schmalen Linie bestehende ESR-Spektrum einer polykristallinen Probe des freien Radikals Diphenylpikrylhydrazyl, DPPH genannt. Der $g$-Wert wird dann über Gl. (57) erhalten:

$$g_0 = g_{\mathrm{DPPH}} \cdot (H_{\mathrm{DPPH}}/H_0), \qquad (57)$$

wobei der $g$-Wert des Standards $g_{DPPH} = 2{,}0037$ ist und die Resonanzfeldstärke $H_{DPPH}$ wie $H_0$ jeweils experimentell bestimmt wird.

Bei Anwesenheit von *hfs*-Wechselwirkungen muß zunächst $H_0$ errechnet werden. In 1. Näherung (für organische Radikale sehr oft ausreichend) ergibt sich $H_0$ aus der „Mitte" des Spektrums, d. h., aus der Linie, die bei Abwesenheit der *hfs* zu beobachten wäre. Berücksichtigt man die 2. Ordnung der Störungstheorie, so erfolgt die Berechnung von $H_0$ über Gleichungen des Typs (50).

Die experimentelle Bestimmung der isotropen *hfs*-Kopplungskonstanten ist aus den Beispielen der vorangegangenen Abschnitte ersichtlich.

# 3. ESR-Spektren orientierter System — anistrope Wechselwirkungen

Im vorhergehenden Abschnitt wurden ESR-Spektren paramagnetischer Verbindungen in Lösungen niedriger Viskosität betrachtet. In diesen Fällen sind der $g$-Wert $g_0$ und die *hfs*-Kopplungskonstante $a_0$ skalare (isotrope) Größen. $a_0$ ist durch die Kontaktwechselwirkung gegeben. Die ihrer Natur nach anisotrope Dipol-Dipol-*hfs*-Wechselwirkung (Abschn. 2.1.) ist ebenso wie die für Systeme mit mehreren ungepaarten Elektronen ($S > 1/2$) auftretende Elektronenspin-Elektronenspin-Wechselwirkung und für Systeme mit $I > 1/2$ auftretende Kernquadrupolwechselwirkung durch schnelle Rotations- und Translationsbewegungen der Moleküle ausgemittelt. Ausgemittelt sind auch die durch die konkrete Symmetrie der Moleküle geprägten inneren Felder, z. B. das Kristallfeld in Übergangsmetallkomplexen. Dies ist jedoch nicht mehr der Fall, wenn die paramagnetischen Moleküle in Einkristallen oder in polykristallinen Proben orientiert vorliegen. Die ESR-Spektren sind dann von der Orientierung der kristallinen Probe im Magnetfeld abhängig. Die konkrete Symmetrie verändert $g_0$ und $a_0$ im Zusammenwirken mit der Spin-Bahn-Wechselwirkung zu tensoriellen Größen, den $g$-Tensor $\tilde{g}$ und den *hfs*-Tensor $\tilde{A}$. Außerdem treten alle weiteren oben genannten Wechselwirkungen in Erscheinung.

Alle diese Wechselwirkungen sind im nachstehend beschriebenen, effektiven Spin-Hamilton-Operator zusammengefaßt. Er stellt das Schlüsselinstrument für die Interpretation der anisotropen ESR-Spektren dar. Die in ihm enthaltenen, experimentell zu bestimmenden Tensoren (Eigenschaftstensoren!) enthalten die Information über Struktur, Bindung, intra- und intermolekulare magnetische Wechselwirkungen.

## 3.1. *Der „effektive" Spin-*HAMILTON*-Operator*

Die Berechnung der zur Interpretation der ESR-Spektren erforderlichen Energieeigenwerte unter Verwendung eines kompletten, alle Wechselwirkungen (einschließlich der kinetischen Energie der Elektronen sowie der COULOMB-Wechselwirkungen zwischen Elektronen und Elektronen und Kernen) enthaltenden HAMILTON-Operators ist sehr kompliziert. Zur Beschreibung der ESR-Spektren ist es jedoch nicht notwendig, mit dem vollständigen HAMILTON-Operator zu arbeiten, da nur die tiefsten Energieniveaus mit Elektronen besetzt sind. Die Größenordnung der mit der ESR untersuchten Wechselwirkungen überschreitet kaum 1 $cm^{-1}$; die betrachteten Übergänge finden in der „Grundzustandsmannigfaltigkeit" statt. Daher wurde von ABRAGAM und PRYCE [2] mittels der Störungstheorie ein verkürzter, „effektiver" HAMILTON-Operator zur Beschreibung der ESR-Spektren abgeleitet:

$$\hat{H}_{sp} = \underset{(a)}{\beta_e \vec{H} \cdot \tilde{g} \cdot \hat{\vec{S}}} + \underset{(b)}{\hat{\vec{S}} \cdot \tilde{D} \cdot \hat{\vec{S}}} + \underset{(c)}{\hat{\vec{S}} \cdot \tilde{A} \cdot \hat{\vec{I}}} + \underset{(d)}{\hat{\vec{I}} \cdot \tilde{P} \cdot \hat{\vec{I}}} - \underset{(e)}{g_N \beta_N \vec{H} \cdot \hat{\vec{I}}}. \tag{58}$$

Darin bedeuten:

| | Größenordnung |
|---|---|
| (*a*) — Elektronen-ZEEMAN-Term | 0,3 $cm^{-1}$ bei $H = 0{,}33$ T |
| (*b*) — Feinstruktur-Term (Elektronen-Spin-Spin-Wechselwirkung) | 10—0,01 $cm^{-1}$ |
| (*c*) — *hfs*-Term | $5 \cdot 10^{-2}$—$10^{-4}$ $cm^{-1}$ |
| (*d*) — Kernquadrupol-Term | $10^{-3}$ $cm^{-1}$ |
| (*e*) — Kern-ZEEMAN-Term | $10^{-4}$ $cm^{-1}$ bei $H = 0{,}33$ T. |

Der Operator (58) enthält neben einer kleinen Zahl von Konstanten sowie den Tensorparametern $\tilde{g}$ (*g*-Tensor), $\tilde{D}$ (Feinstrukturtensor), $\tilde{A}$ (*hfs*-Tensor) und $\tilde{P}$ (Quadrupoltensor) nur noch den Elektronenspin $\vec{S}$ und den Kernspin $\vec{I}$. Deshalb wird er als Spin-HAMILTON-Operator $\hat{H}_{sp}$ bezeichnet. Die Parameter $\tilde{g}$, $\tilde{D}$, $\tilde{A}$ und $\tilde{P}$

sind symmetrische, auf Hauptachsen transformierbare Tensoren 2. Ranges:

$$\tilde{g} = \begin{pmatrix} g_{xx} & 0 & 0 \\ 0 & g_{yy} & 0 \\ 0 & 0 & g_{zz} \end{pmatrix}, \quad \tilde{D} = \begin{pmatrix} D_{xx} & 0 & 0 \\ 0 & D_{yy} & 0 \\ 0 & 0 & D_{zz} \end{pmatrix},$$
$$\tilde{A} = \begin{pmatrix} A_{xx} & 0 & 0 \\ 0 & A_{yy} & 0 \\ 0 & 0 & A_{zz} \end{pmatrix}, \quad \tilde{P} = \begin{pmatrix} P_{xx} & 0 & 0 \\ 0 & P_{yy} & 0 \\ 0 & 0 & P_{zz} \end{pmatrix}. \tag{59}$$

Sie sind richtungsabhängige Größen, da das Magnetfeld am Ort des paramagnetischen Zentrums nach Betrag und Richtung nicht mit dem äußeren Feld $\vec{H}$ übereinstimmt. Das resultierende Feld hängt von der Richtung des äußeren Magnetfeldes, von der Spin-Bahn-Wechselwirkung und der Lage der durch Anregungen mit dem Niveau des ungepaarten Elektrons verknüpften Energieniveaus ab. Es ändert sich, wenn der Kristall im Magnetfeld gedreht wird.

## 3.2. *Effektiver Spin-Hamilton-Operator und ESR-Spektrum*

In diesem Abschnitt werden die Glieder des Spin-HAMILTON-Operators (58) in Korrelation mit dem ESR-Spektrum diskutiert. Dabei wird der Einfluß der konkreten Symmetrie auf die Parameter des Operators betrachtet.

### 3.2.1. *Der Elektron-*ZEEMANN*-Term* „$\beta_e \vec{H} \cdot \tilde{g} \cdot \hat{\vec{S}}$“

Bei Abwesenheit innerer Felder orientiert sich der Spin $\vec{S}$ nach der Richtung des äußeren Magnetfeldes $\vec{H}$. Im konkreten Molekül sind jedoch innere Felder vorhanden, z. B. das Kristallfeld in Übergangsmetallkomplexen. Diese Felder beeinflussen die Symmetrie der Elektronenverteilung und damit den Bahndrehimpuls $\vec{L}$. Über die Spin-Bahn-Kopplung (*LS*-Kopplung) wird dieser Einfluß dem Spin $\vec{S}$ vermittelt und durch ein zusätzliches, inneres Feld $\vec{H}_i$ beschrieben. $\vec{S}$ orientiert (quantisiert) sich nun nach dem effektiven Feld $\vec{H}_{\text{eff}}$, das sich aus $\vec{H}$ und $\vec{H}_i$ zusammensetzt:

$$\vec{H}_{\text{eff}} = \vec{H} + \vec{H}_i. \tag{60}$$

$\vec{H}_i$ und damit auch $\vec{H}_{\text{eff}}$ enthalten die Informationen, die experimentell gewonnen werden sollen. Da $\vec{H}_i$ wie auch $\vec{H}_{\text{eff}}$ experimentell nicht direkt zugänglich sind, wird die in ihnen enthaltene Information auf den $g$-Tensor übertragen, d. h., für den ZEEMAN-Term soll gelten

$$\hat{H}_Z = g\beta_e\vec{H}_{\text{eff}}\hat{\vec{S}} = \beta_e\vec{H}\cdot\bar{g}\cdot\hat{\vec{S}}. \tag{61}$$

Hierzu ist eine Koordinatentransformation mit dem Ziel erforderlich, daß $\vec{H}_{\text{eff}}$ die neue Quantisierungsachse für $\vec{S}$ und damit der ZEEMAN-Term diagonal ist. Im Ergebnis wird $g$ winkelabhängig. Man erhält ($\theta$, $\varphi$ — Winkel zwischen $\vec{H}$ und $x$, $y$, $z$):

$$g^2 = g_{zz}^2 \cos^2\theta + g_{xx}^2 \sin^2\theta \cos^2\varphi + g_{yy}^2 \sin^2\theta \sin^2\varphi. \tag{62}$$

Dies bedeutet gleichzeitig, daß der Abstand $\Delta E$ zwischen beiden ZEEMAN-Niveaus vom Winkel des Magnetfeldes relativ zu den Molekülachsen abhängig ist:

$$\Delta E = h\nu = \beta_e g(\theta, \varphi)\, H, \tag{63}$$

was sich in einer Winkelabhängigkeit der Lage der Resonanzlinie in der Magnetfeldskala äußert.

Der $g$-Tensor und damit die Winkelabhängigkeit von $\bar{g}$ korreliert folgendermaßen mit der effektiven Symmetrie des paramagnetischen Zentrums:

a) kubische Symmetrie (oktaedrisch ($O_h$), tetraedrisch ($T_d$):

$$g_{xx} = g_{yy} = g_{zz} = g.$$

$g$ ist isotrop und nicht winkelabhängig.

b) axiale Symmetrie (tetragonal ($D_{4h}$), quadratisch-pyramidal ($C_{4v}$), trigonal ($D_3$)):

$$g_{xx} = g_{yy} = g_\perp \neq g_{zz} = g_\parallel.$$

Die Winkelabhängigkeit von $\bar{g}$ wird durch Gl. (64) beschrieben; der $g$-Tensor hat die Form eines Rotationsellipsoiden:

$$g^2 = g_\parallel^2 \cos^2\theta + g_\perp^2 \sin^2\theta. \tag{64}$$

c) Symmetrien niedriger als axial ($D_{2h}$, $C_{2v}$, $C_s$, $C_i$ z. B.):

$$g_{xx} \neq g_{yy} \neq g_{zz} \quad (\text{„rhombischer" } g\text{-Tensor}).$$

Die Winkelabhängigkeit von $\bar{g}$ ist in Gl. (62) gegeben; $\bar{g}$ hat die Form eines „abgeplatteten" Ellipsoiden.

Entsprechend ergibt sich für diese Fälle die Symmetrie des HAMILTON-Operators der ZEEMAN-Wechselwirkung zu

a) $$\hat{H}_Z = \beta_e \vec{H} g \hat{S}_z, \tag{65}$$

b) $$\hat{H}_Z = \beta_e [g_\perp (H_x \hat{S}_x + H_y \hat{S}_y) + g_\parallel H_z \hat{S}_z], \tag{66}$$

c) $$\hat{H}_Z = \beta_e (g_{xx} H_x \hat{S}_x + g_{yy} H_y \hat{S}_y + g_{zz} H_z \hat{S}_z). \tag{67}$$

### 3.2.2. *Elektronenspin-Elektronenspin-Wechselwirkung „$\hat{\vec{S}} \cdot \tilde{D} \cdot \hat{\vec{S}}$"*

Dieser Term beschreibt die Elektronenspin-Elektronenspin-Wechselwirkung in Systemen mit $S \geqq 1$. In solchen Systemen wird bei Vorliegen von nichtkubischer Symmetrie in Abwesenheit des Magnetfeldes die Spinentartung des $(2S + 1)$-fach entarteten Grundzustandes teilweise oder vollständig aufgehoben. Sie wird daher treffend als „Nullfeldaufspaltung" bezeichnet und führt zur sog. Feinstruktur im ESR-Spektrum (Abb. 13). Eine kubische Symmetrie (z. B. $O_h$-, $T_d$-Kristallfeld) vermag die Spinentartung

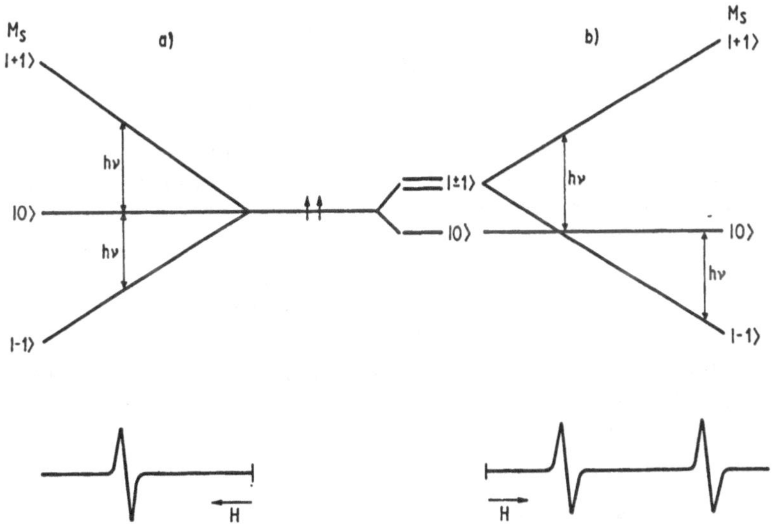


Abb. 13. Elektronenspin-Elektronenspin-Wechselwirkung und ESR-Spektrum für $Ni^{2+}$ ($3d^8$, $S = 1$) im oktaedrischen Kristallfeld:

a) ungestörtes $O_h$-Feld,

b) tetragonal gestörtes $O_h$-Feld

nicht aufzuheben; in diesem Fall wird keine Feinstruktur beobachtet und das Spektrum besteht (in Abwesenheit von *hfs*-Aufspaltungen) aus einer Resonanzlinie.

Die Größe der Nullfeldaufspaltung sowie deren Winkelabhängigkeit wird durch den Tensor $\tilde{D}$ beschrieben und ist ein Maß für die Stärke der Spin-Spin-Wechselwirkung. $\tilde{D}$ enthält außerdem Informationen über die Symmetrie und die chemische Bindung.

Der Term $\hat{\vec{S}} \cdot \tilde{D} \cdot \hat{\vec{S}}$ kann in zwei alternativen Formen dargestellt werden:

$$\hat{\vec{S}} \cdot \tilde{D} \cdot \hat{\vec{S}} = D_{xx}\hat{S}_x^2 + D_{yy}\hat{S}_y^2 + D_{zz}\hat{S}_z^2 \quad \text{bzw.} \tag{68}$$

$$= D\left[\hat{S}_z^2 - \frac{1}{3}S(S+1)\right] + E(\hat{S}_x^2 - \hat{S}_y^2), \tag{69}$$

wobei $D = \frac{3}{2} D_{zz}$ und $E = (D_{xx} - D_{yy})/2$ ist. Weiterhin gilt:

$$D_{xx} + D_{yy} + D_{zz} = 0. \tag{70}$$

Aus Symmetriebetrachtungen folgt:

| | |
|---|---|
| kubische Symmetrie ($O_h$, $T_d$): | $D = E = 0$, |
| axiale Symmetrie ($D_{4h}$, $D_3$ z. B.): | $D \neq 0$, $E = 0$, |
| Symmetrien niedriger als axial: | $D \neq 0$, $E \neq 0$. |

Bei Abwesenheit von *hfs*-Wechselwirkungen ergibt sich nun der zur Beschreibung der ESR-Spektren zu verwendende Spin-HAMILTON-Operator allgemein zu

$$\hat{H}_{sp} = \beta_e(g_{xx}H_x\hat{S}_x + g_{yy}H_y\hat{S}_y + g_{zz}H_z\hat{S}_z) + D\left[\hat{S}_z^2 - \frac{1}{3}S(S+1)\right] + E(S_x^2 - S_y^2). \tag{71}$$

Bei Systemen mit $S > 1$ müssen dem Operator (71) mitunter noch Terme, die proportional zu $S^3$ oder $S^4$ sind, hinzugefügt werden [3].

### 3.2.2.1. *Systeme mit $S = 1$*

Die Energieniveaus $\varepsilon_i$ des Spintripletts werden durch Lösen der unter Anwendung des Operators (71) erhaltenen Energiedeterminante erhalten. Für die Magnetfeldrichtung $H \parallel z$ hat diese die folgende Form ($Z = g_{zz}\beta_e H$):

$$
\begin{array}{cccc}
M_s & |1\rangle & |0\rangle & |-1\rangle \\
\begin{array}{c} \langle 1| \\[2ex] \langle 0| \\[2ex] \langle -1| \end{array} &
\multicolumn{3}{c}{\begin{bmatrix}
Z + \frac{1}{3} D - \varepsilon & 0 & E \\
0 & -\frac{2}{3} D - \varepsilon & 0 \\
E & 0 & -Z + \frac{1}{3} D - \varepsilon
\end{bmatrix}}
\end{array} . \tag{72}
$$

Hieraus ergibt sich für $H \parallel z$:

$$
\begin{aligned}
\varepsilon_{1,2} &= \frac{1}{3} D \pm (g_{zz}^2 \beta_e^2 H^2 + E^2)^{1/2} \\
\varepsilon_3 &= -\frac{2}{3} D.
\end{aligned} \tag{73a}
$$

Analog erhält man für $H \parallel x$ und $H \parallel y$ die Energien zu

$$
\begin{aligned}
H \parallel x\colon \quad \varepsilon_{1,2} &= -\frac{1}{6} D + \frac{1}{2} E \\
&\quad \pm \left[\frac{1}{4} (D + E)^2 + g_{xx}^2 \beta_e^2 H^2\right]^{1/2} \\
\varepsilon_3 &= \frac{1}{3} D - E,
\end{aligned} \tag{73b}
$$

$$
\begin{aligned}
H \parallel y\colon \quad \varepsilon_{1,2} &= -\frac{1}{6} D - \frac{1}{2} E \\
&\quad \pm \left[\frac{1}{4} (D - E)^2 + g_{yy}^2 \beta_e^2 H^2\right]^{1/2} \\
\varepsilon_3 &= \frac{1}{3} D + E.
\end{aligned} \tag{73c}
$$

Für eine willkürliche Lage des Magnetfeldes bezüglich der Achsen $x$, $y$, $z$ erhält man keine einfache analytische Lösung. Gilt jedoch $D \ll g\beta_e H$, dann liefert die Störungstheorie hinreichend genaue Ausdrücke für die Energieniveaus und damit für die Übergänge.

Für Systeme mit $E = 0$ erhält man für die erlaubten Übergänge $(M_s - 1) \to M_s$ die Resonanzfrequenzen zu [4]:

$$h\nu(M_s) = g\beta_e H + \frac{D}{2}\left[3\left(\frac{g_\parallel}{g}\right)^2 \cos^2\theta - 1\right](2M_s - 1)$$
$$+ \text{Beiträge der 2. Ordnung}; \tag{74}$$

$\theta$ ist der Winkel zwischen der $z$-Achse und der Magnetfeldrichtung. Diese Beziehung ist für axial-symmetrische Systeme mit einem beliebigen Spin $S$ gültig. Für $S = 1$ ist der Abstand $\Delta H$ zwischen beiden Resonanzlinien bei beliebiger Feldrichtung:

$$\Delta H = \frac{D}{g\beta_e}\left[3\left(\frac{g_\parallel}{g}\right)^2 \cos^2\theta - 1\right], \tag{75}$$

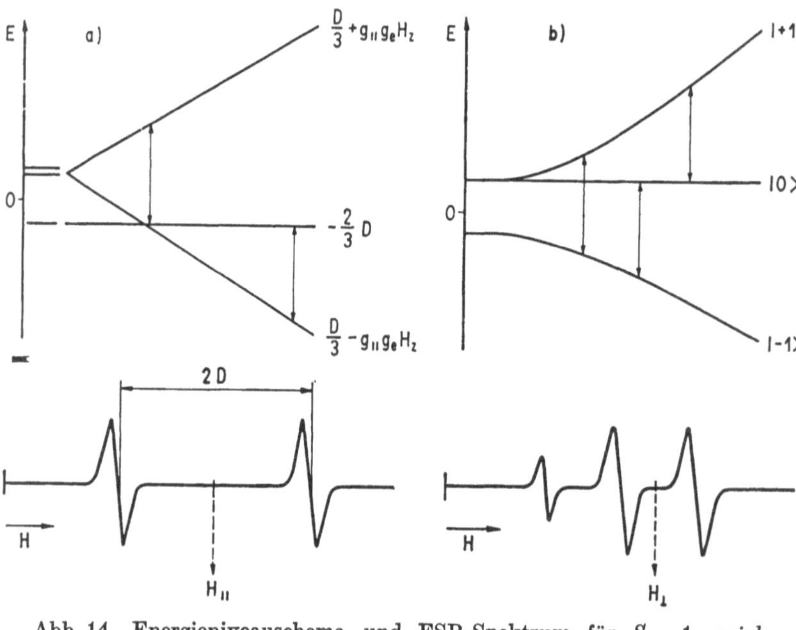


Abb. 14. Energieniveauschema und ESR-Spektrum für $S = 1$, axiale Symmetrie:

a) $H \parallel z$,

b) $H \perp z$

Für $H \parallel z$ sind die Spinzustände reine Zustände. Für $H \perp z$ und $g_\perp \beta_e H \gg D$ sind $|\pm 1\rangle$, $|0\rangle$ nur annähernd reine Zustände; es tritt ein verbotener Übergang geringer Intensität auf ($|+1\rangle \leftrightarrow |-1\rangle$).

für $H \parallel z$ ist $\Delta H = 2D/g_{\parallel}\beta_e$, woraus $D$ unmittelbar abgeleitet werden kann. In der 1. Ordnung der Störungstheorie liegt somit die Mitte des Spektrums bei der Feldstärke $H_0 = h\nu_0/g\beta_e$, woraus der $g$-Wert direkt zugänglich ist.

Die 2. Ordnung der Störungstheorie liefert zusätzliche Beiträge zu Gl. (74), die die Lage des Spektrenzentrums verschieben. Abbildung 14 zeigt das Energieniveauschema sowie das Spektrum für ein axial-symmetrisches System mit $S = 1$.

Für $D \gg g\beta_e H$ (sehr große Nullfeldaufspaltung) wird oft nur eine Resonanzlinie, mitunter sogar keine Resonanz beobachtet (wenn der verwendete Magnet nicht eine genügend hohe Feldstärke erzeugen kann).

### 3.2.2.2. *Systeme mit $S = 3/2$*

Spinquartett-Zustände liegen bei $3d^3$-Ionen (z. B. $Cr^{3+}$) und $3d^7$-Ionen (z. B. $Co^{2+}$) vor. Ihre Behandlung ist analog der für $S = 1$-Systeme beschriebenen. Bei niedriger-symmetrischen Kristallfeldern erhält man die Energien $\varepsilon(M_s)$ der Quartett-Zustände für $H \parallel z$ und $g_{zz}\beta_e H \gg D, E$ zu $(g_{zz}\beta_e H = Z)$:

$$\begin{aligned}
\varepsilon\left(+\frac{3}{2}\right) &= \frac{1}{2} Z + [(D + Z)^2 + 3E^2]^{1/2} \\
\varepsilon\left(+\frac{1}{2}\right) &= -\frac{1}{2} Z - [(D - Z)^2 + 3E^2]^{1/2} \\
\varepsilon\left(-\frac{1}{2}\right) &= \frac{1}{2} Z - [(D + Z)^2 + 3E^2]^{1/2} \\
\varepsilon\left(-\frac{3}{2}\right) &= -\frac{1}{2} Z + [(D - Z)^2 + 3E^2]^{1/2}.
\end{aligned} \tag{76}$$

Aus den Gln. (76) ist ersichtlich, daß ohne äußeres Magnetfeld zwei Paare von zweifach spinentarteten Niveaus mit den Energien $\pm(D^2 + 3E^2)^{1/2}$ (= Nullfeldaufspaltung) vorliegen. Für ein axialsymmetrisches Kristallfeld ($E = 0$) ist der Abstand zwischen diesen Niveaus $\Delta\varepsilon = 2D$; Abb. 15 zeigt hierfür die Aufspaltung der Energieniveaus und das ESR-Spektrum. Die Winkelabhängigkeit der erlaubten Übergänge läßt sich mit der Beziehung (74) beschreiben, woraus sich die Magnetfeldstärken der Resonanzlinien ableiten lassen.

Bei sehr großer Nullfeldaufspaltung ($D \gg g\beta_e H$) wird nur ein Übergang beobachtet; das Spektrum wird dann mit dem effektiven Spin $S = 1/2$ beschrieben:

$$\hat{H}_{sp} = \beta_e[g_{\|}H_z\hat{S}_z + g_{\perp}(H_x\hat{S}_x + H_y\hat{S}_y)]. \tag{77}$$

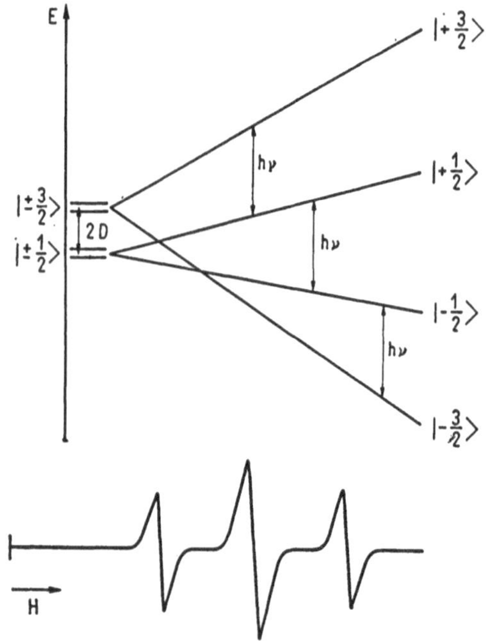


Abb. 15. Energieniveauschema eines $d^3$-Ions sowie erlaubte Übergänge und ESR-Spektrum für $H \parallel z$, $g_{zz}\beta_e H \gg D$

### 3.2.3. Der Hyperfeinstruktur-Term „$\hat{\vec{S}} \cdot \tilde{A} \cdot \hat{\vec{I}}$“

Bei der Betrachtung der *hfs*-Wechselwirkung im orientierten System muß ebenso wie für den Elektronenspin $\vec{S}$ (s. Abschn. 3.2.1.) berücksichtigt werden, daß außer dem äußeren Magnetfeld $\vec{H}$ ein zusätzliches Feld $\vec{H}_{ik}$ auf den Kernspin wirkt. Das Zusatzfeld hängt vom Einfluß der „Elektronenwolke“ am Kernort ab und ist somit von der Richtung von $\vec{S}$ abhängig. Daher quantisiert sich der Kernspin $\vec{I}$ längs einer Achse, die nicht identisch mit der Quantisierungsachse von $\vec{S}$ und der Magnetfeldrichtung ist. Bei der Berechnung der Energieniveaus für $\hat{\vec{S}} \cdot \tilde{A} \cdot \hat{\vec{I}}$ muß daher der Kern- und der Elektronenspin auf ihre Quantisierungsachsen bezogen werden. Durch eine anschließende Störungsrechnung bis zur 2. Ordnung, wobei der Operator der *hfs*-Wechselwirkung als Störoperator wirkt ($g\beta eH \gg A$), erhält man die Feldpositionen der erlaubten *hfs*-Linien für ein System mit $S = 1/2$ und $I \neq 0$ zu [4]:

$$H(m_I) = H_0 - Km_I - \frac{A_\perp^2}{4g^2\beta_e^2H_0}\left(\frac{A_\parallel^2 + K^2}{K^2}\right)[I(I+1) - m_I^2]$$
$$- \frac{1}{2g^2\beta_e^2H_0}\left(\frac{A_\parallel^2 - A_\perp^2}{K}\right)^2\left(\frac{g_\parallel g_\perp}{g^2}\right)^2 \sin^2\theta\cos^2\theta m_I^2. \quad (78)$$

Dabei ist $\theta$ der Winkel zwischen der $z$-Achse und der Richtung von $\vec{H}$. $g^2$ ist durch Gl. (64) gegeben,

$$K^2 = (A_\parallel^2 g_\parallel^2 \cos^2\theta + A_\perp^2 g_\perp^2 \sin^2\theta)/g^2. \quad (79)$$

Für $H \parallel z$ und $H \perp z = H \parallel x = H \parallel y$ vereinfachen sich die Beziehungen (78) zu solchen der Gl. (50) und gestatten die unmittelbare Bestimmung der Hauptwerte $A_\parallel$ und $A_\perp$ des *hfs*-Tensors $\tilde{A}$. Über $H_0$ erhält man die entsprechenden Hauptwerte des $g$-Tensors.

Die Symmetrie des $A$-Tensors unterwirft sich der Symmetrie des Moleküls analog wie für $\tilde{g}$ beschrieben:

| | |
|---|---|
| kubische Symmetrie: | $A_{xx} = A_{yy} = A_{zz} = A_{(\text{iso})}$ |
| axiale Symmetrie: | $A_{xx} = A_{yy} = A_\perp \neq A_{zz} = A_\parallel$ |
| niedrigere Symmetrien: | $A_{xx} \neq A_{yy} \neq A_{zz}$. |

Für Symmetrien niedriger als axial sind die Ausdrücke (78) und (79) komplizierter. Bei sehr niedrigen Symmetrien müssen die Hauptachsen von $\tilde{g}$, $\tilde{D}$ und $\tilde{A}$ nicht zusammenfallen.

Im Abschn. 2.1. wurde gezeigt, daß die *hfs* durch zwei unterschiedliche Mechanismen verursacht wird: die isotrope Kontakt-*hfs*- und die Dipol-Dipol-Wechselwirkung. Beide können erhalten werden, indem der experimentell bestimmte $A$-Tensor wie folgt zerlegt wird:

$$\begin{pmatrix} A_{xx} & 0 & 0 \\ 0 & A_{yy} & 0 \\ 0 & 0 & A_{zz} \end{pmatrix} = A_{\text{iso}} \begin{pmatrix} 1 & 0 & 0 \\ 0 & 1 & 0 \\ 0 & 1 & 1 \end{pmatrix} + \begin{pmatrix} A^d_{xx} & 0 & 0 \\ 0 & A^d_{yy} & 0 \\ 0 & 0 & A^d_{zz} \end{pmatrix} \tag{80}$$

bzw.

$$\tilde{A} = A_{\text{iso}} \cdot \tilde{1} + \tilde{A}^d. \tag{81}$$

Dabei ist $A_{\text{iso}}$ die isotrope *hfs*-Kopplungskonstante ($a_0$), $\tilde{A}^d$ der Tensor der anisotropen (dipolaren) *hfs*-Wechselwirkung. $A^d$ ist ebenso wie $\tilde{D}$ und $\tilde{P}$ ein spurloser Tensor, d. h. $A^d_{xx} + A^d_{yy} + A^d_{zz} = 0$. $\tilde{1}$ ist ein Einheitstensor.

### 3.2.4. *Die Kernquadrupol-Wechselwirkung „$\hat{I} \cdot \tilde{P} \cdot \hat{I}$“*

Kerne mit $I \geqq 1$ besitzen ein elektrisches Kernquadrupolmoment. Wirkt auf einen solchen Kern ein elektrischer Feldgradient, so kommt es zur Quadrupolwechselwirkung, die in der Form $\hat{I} \cdot \tilde{P} \cdot \hat{I}$ dargestellt werden kann. $\tilde{P}$ ist der Kernquadrupoltensor.

Der Feldgradient ergibt sich aus der anisotropen Verteilung der elektrischen Ladung am magnetischen Kern und dessen Umgebung. In Analogie zur Feinstruktur-Wechselwirkung (Abschn. 3.2.2.) kann der Kernquadrupol-Term in zwei alternativen Formen dargestellt werden:

$$\hat{I} \cdot \tilde{P} \cdot \hat{I} = P_{xx}\hat{I}_x^2 + P_{yy}\hat{I}_y^2 + P_{zz}\hat{I}_z^2 \tag{82a}$$

$$= P_{\parallel}\left[\left\{\hat{I}_z^2 - \frac{1}{3} I(I+1)\right\} + \frac{1}{3}\eta(\hat{I}_x^2 - \hat{I}_y^2)\right], \tag{82b}$$

wobei $P_{\parallel} = 3P_{zz}/2$ und $\eta = (P_{xx} - P_{yy})/P_{zz}$ sind. Im Falle axialer Symmetrie ist $\eta = 0$.

$\tilde{P}$ ist ein spurloser Tensor: $P_{xx} + P_{yy} + P_{zz} = 0$. Dabei ist

$$P_{\parallel} = \frac{3eQ}{4I(2I-1)} \frac{\partial^2 V}{\partial z^2}. \tag{83}$$

$e$ — Kernladung, $Q$ — Quadrupolmoment, $\partial^2 V/\partial z^2$ — elektrischer Feldgradient

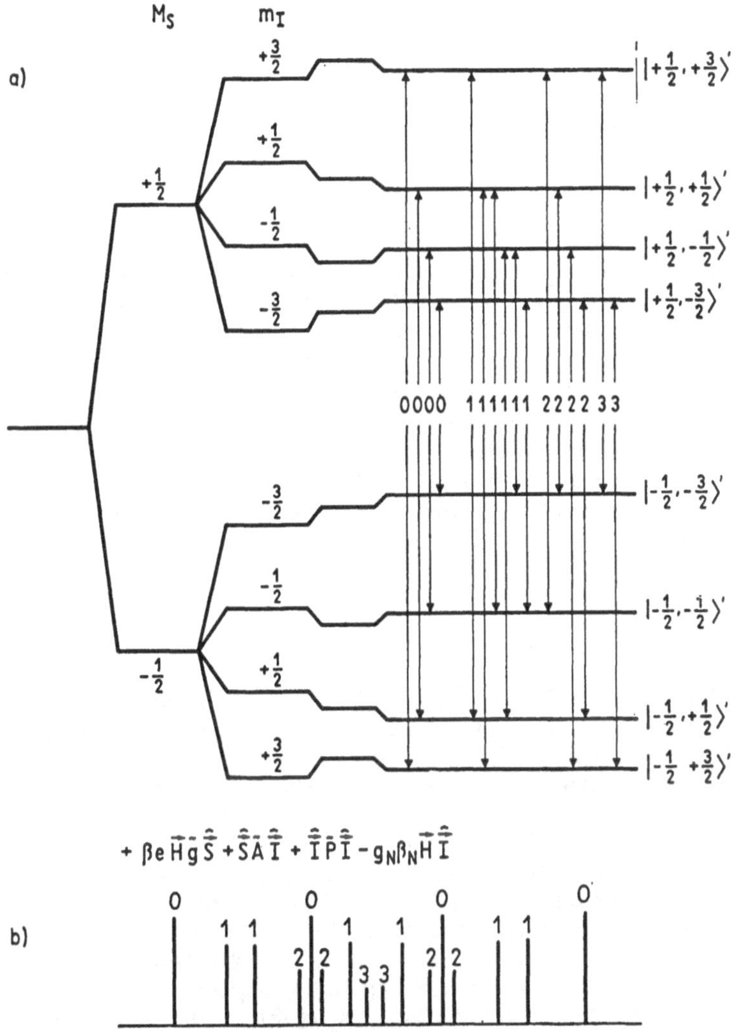


Abb. 16. Einfluß der Kernquadrupol-Wechselwirkung und des Kern-ZEEMAN-Terms auf das Energieniveauschema (a) und das Strichspektrum (b) für ein $S = 1/2$, $I = 3/2$-System ($Cu^{2+}$).
*0* – $\Delta m_I = 0$-, *1* – $\Delta m_I = 1$-, *2* – $\Delta m_I = 2$-, *3* – $\Delta m_I = 3$-Übergänge

Die Kernquadrupol-Wechselwirkung beeinflußt das ESR-Spektrum in zweierlei Weise: sie führt

a) zu Verschiebungen der *hfs*-Niveaus und
b) zum Auftreten verbotener Übergänge mit $\Delta m_I = \pm 1, \pm 2$.

Diese Einflüsse sind in Abb. 16 anhand des Energieniveauschemas sowie des Strichspektrums für $Cu^{2+}$($S = 1/2$, $I = 3/2$) illustriert, in dem der Vollständigkeit halber auch der Einfluß des Kern-ZEEMAN-Terms aufgenommen wurde. Die Linienverschiebungen sowie die Intensität der verbotenen Übergänge korrelieren mit der Größe des Verhältnisses $P/A$; je größer dieser Quotient, desto markanter wird der Einfluß des Terms $\hat{\vec{I}} \cdot \tilde{P} \cdot \hat{\vec{I}}$.

Größe und Orientierung der Tensorachsen von $\tilde{P}$ im Molekül sind ein sehr empfindlicher Indikator hinsichtlich der Symmetrieverhältnisse [5]. Die experimentelle Analyse mittels der ESR ist jedoch aufwendig und nur im Einkristall durchführbar. Mittels der Elektron-Kern-Doppelresonanz-Spektroskopie (ENDOR) kann $\tilde{P}$ hingegen sehr genau bestimmt werden [6].

### 3.2.5. Kern-ZEEMAN-Wechselwirkung „$g_N \beta_N \vec{H} \cdot \hat{\vec{I}}$"

Der Einfluß des Kern-ZEEMAN-Terms wurde bereits im Abschn. 2.3. dargestellt. Er bewirkt Verschiebungen der *hfs*-Niveaus. In der überwiegenden Zahl von ESR-Experimenten wird er vernachlässigt. Bei Betrachtungen zur Quadrupol-Wechselwirkung erlangt er jedoch Bedeutung, da beide Wechselwirkungen oft in der gleichen Größenordnung liegen.

Er muß ebenfalls bei der Interpretation von Spektren solcher Übergangsmetallkomplexe berücksichtigt werden, in denen Protonen nahe zum paramagnetischen Ion liegen ($\approx$ 300 bis 400 pm entfernt). In diesem Falle ist die $^1$H-*hfs*-Wechselwirkung schwach dipolar und durch die Beziehung $|A| \ll |g_N \beta_N H|$ charakterisiert. Die durch Mischung verschiedener $m_I$-Zustände resultierenden verbotenen *hfs*-Übergänge mit $\Delta m_I = \pm 1$ flankieren die erlaubten Übergänge als wenig intensives Liniendublett. Diese Linien werden „spin-flip"-Linien genannt [7]. Zu ihrer Beobachtung sind schmale ESR-Linien erforderlich (Linienbreite $< 0{,}4$ mT).

## 3.3. *Experimentelle Bestimmung der Parameter des Spin-*HAMILTON-*Operators*

### 3.3.1. *Einkristalluntersuchungen*

In den vorangehenden Abschnitten wurde vorausgesetzt, daß die Position der molekularen $z$-Achse und damit der Winkel zwischen $\vec{H}$ und $z$ bekannt ist. Dies ist aber in der Regel nicht der Fall. Unmittelbar gemessen werden können nur die Winkel zwischen der Magnetfeldrichtung und den kristallographischen Achsen.

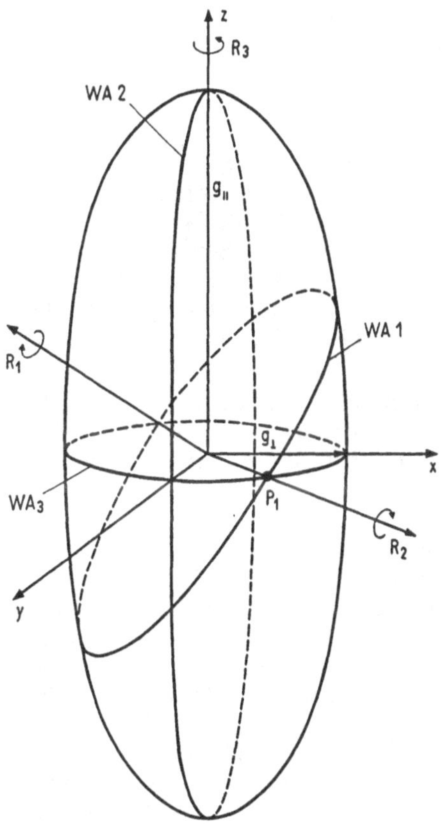


Abb. 17. Illustration zur Bestimmung der $g$-Tensorhauptwerte

Das prinzipielle Vorgehen soll anhand des $g$-Tensors dargestellt werden. Im Falle axialer Symmetrie kann der $g$-Tensor als Rotationsellipsoid wiedergegeben werden (Abb. 17). Die Richtung von $g_\parallel$ ist identisch mit der $z$-Achse; der Betrag des Vektors vom Koordinatenursprung zur Oberfläche des Ellipsoids entspricht der Größe des effektiven $g$-Wertes $g = (g_\parallel^2 \cos^2 \theta + g_\perp^2 \sin^2 \theta)^{1/2}$. Die Lage des unbekannten $x, y, z$-Systems und damit die $g$-Tensorhauptwerte $g_\parallel$ und $g_\perp$ werden wie folgt bestimmt:

a) Der Kristall wird im Magnetfeld zunächst um eine, meist makroskopisch erkennbare Richtung des Kristalls (Rotationsachse $R_1$) gedreht; in Abständen von 5···10° wird das ESR-Spektrum aufgenommen. Man erhält die Winkelabhängigkeit „WA 1". Dabei wird zweimal die $x, y$-Ebene des Ellipsoids geschnitten (s. Abb. 17). In der $x, y$-Ebene ist der $g$-Wert gleich $g_\perp$ (minimale Aufspaltung der ZEEMAN-Niveaus).

b) Wird nun die dem Schnitt mit der $x, y$-Ebene entsprechende Achse $R_2$ als 2. Drehachse gewählt, so enthält die Ebene „WA 2" (in der $\vec{H}$ rotiert und zu der $R_2$ senkrecht steht) die $z$-Achse (maximale ZEEMAN-Aufspaltung). Damit wird $g_\parallel$ erhalten. Die Richtungen $R_1$ und $R_2$ sind bezüglich der kristallographischen Achsen bestimmbar, daher kann die Lage des $g$-Tensors und die Richtungen seiner Hauptwerte $g_\parallel$ und $g_\perp$ im Kristall und damit bei bekannter Kristallstruktur relativ zu den Molekülachsen erhalten werden.

c) Wählt man schließlich die Achse $R_3 = z$ als 3. Drehachse, so darf bei axialer Symmetrie und fehlerloser Justierung des Kristalls keine Abhängigkeit der Resonanzfeldstärke vom Drehwinkel auftreten.

Abbildung 18 zeigt die Winkelabhängigkeit der Resonanzfeldstärke für die Drehachsen $R_1$, $R_2$ und $R_3$.

Dieses Verfahren ist ebenfalls für rhombisch-symmetrische Systeme anwendbar. In diesem Fall ist die Aufspaltung in Richtung $P_1$ (Abb. 17) nur ein relatives Minimum, da die $x, y$-Ebene wegen $g_{xx} \neq g_{yy}$ keinen Kreis, sondern eine Ellipse darstellt. Die Anisotropie in der $x, y$-Ebene und damit $g_{xx}$ und $g_{yy}$ werden aus der „WA 3" bei Drehung um $z(R_3)$ erhalten.

Die Hauptwerte und Richtungen der Hauptachsen der Tensorparameter $\tilde{A}$, $\tilde{D}$ und auch $\tilde{P}$ werden analog bestimmt. Die zur Konstruktion von Graphiken der Art der Abb. 18 erforderlichen

Werte $A(\theta)$ und $D(\theta)$ werden durch Auswertung der Gln. (78) und (74) ermittelt.

Sind die Kristallstrukturdaten nicht verfügbar, so ist das exakte Einordnen der Richtungen der Tensorhauptachsen in das Molekül schwieriger und zum Teil nicht möglich. Durch Symmetriebetrachtungen und Auswertung von Liganden-Hyperfeinstrukturen (bei Übergangsmetallkomplexen) kann jedoch oft eine Einordnung erfolgen.

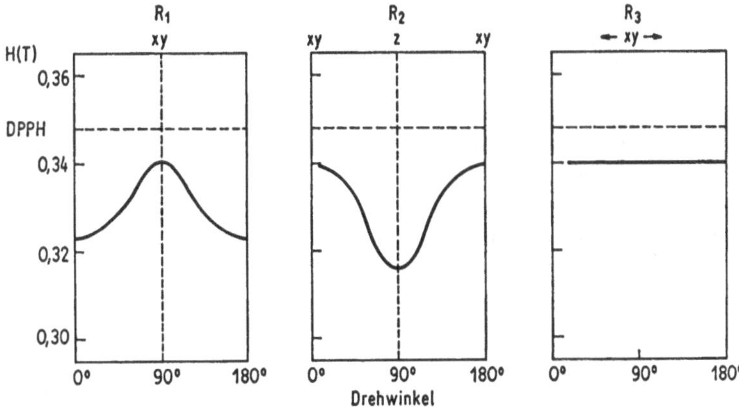


Abb. 18. Winkelabhängigkeiten eines axial-symmetrischen Systems mit $S = 1/2$, $I = 0$

Die experimentelle Bestimmung der Tensorkomponenten sowie der Lage der Hauptachsen kann auch nach einem anderen Verfahren erfolgen. Dazu wird die Winkelabhängigkeit des ESR-Spektrums in drei willkürlichen, möglichst senkrecht zueinander stehenden Ebenen aufgenommen. Dabei werden die kompletten (nichtdiagonalen) Matrices der Tensoren erhalten, die diagonalisiert werden müssen. Gleichzeitig fallen die Richtungscosinus der Hauptachsen an. Dieses Verfahren ist allgemein anwendbar [8].

### 3.3.2. *ESR-Spektren von Pulverproben und gefrorenen Lösungen*

Oftmals ist es nicht möglich, brauchbare Einkristalle zu erhalten, die außerdem noch durch eine geeignete Wirtssubstanz diamagnetisch verdünnt sein müssen, um die Wechselwirkungen zwischen den paramagnetischen Spezies auszuschließen. Jedoch auch von polykristallinen Proben (diamagnetisch verdünnte Pulver, gefrorene Lösungen) können in vielen Fällen die Tensorparameter des Spin-HAMILTON-Operators bestimmt werden. Im Unterschied zur ESR-Einkristalluntersuchung ist jedoch eine sichere Zuordnung der Tensorhauptachsen nicht möglich.

### 3.3.2.1. Systeme mit $S = 1/2$ und $I = 0$

Die Grundgedanken seien anhand eines axial-symmetrischen Systems dargestellt, für das der Spin-HAMILTON-Operator (66) gilt. Aus Abschn. 3.3.1. folgt, daß hierfür im Einkristall die Linie bei $H \parallel z$ durch $g_\parallel$, die für $H \parallel x, y$ durch $g_\perp$ bestimmt wird. In der polykristallinen Probe sind jedoch die paramagnetischen Teilchen willkürlich verteilt, wodurch alle Winkel zwischen $z$ und $\vec{H}$ gleichberechtigt sind und das Spektrum durch Überlagerung einer Vielzahl einzelner Linien im Gebiet zwischen $g_\parallel$ und $g_\perp$ resultiert.

Grundlage zur Linienformberechnung ist die Resonanzbedingung, die für ein axial-symmetrisches System in folgender Form geschrieben werden kann:

$$H = \frac{h\nu_0}{g\beta_e} = \frac{h\nu_0}{\beta_e} (g_\parallel^2 \cos^2\theta + g_\perp^2 \sin^2\theta)^{-1/2}. \tag{84}$$

Für zufällig orientierte Teilchen ist der Teilchenanteil, für die sich der Winkel $\theta$ im Intervall von $\theta$ bis $\theta + d\theta$ befindet, gleich $(1/2) \sin\theta \, d\theta$. Wenn $dN$ die Teilchen mit der Orientierung im Intervall $d\theta$ sind, deren Resonanzfeldstärken im Intervall $dH$ liegen, gilt

$$\begin{aligned} dN &= S(H)\,dH = \frac{1}{2}\sin\theta\,d\theta = \frac{1}{2}\sin\theta\left(\frac{d\theta}{dH}\right)dH;\\ S(H) &= \frac{1}{2}\sin\theta\left(\frac{d\theta}{dH}\right), \end{aligned} \tag{85}$$

wobei $S(H)$ die Linienformfunktion der Absorption ist. Dabei soll die Übergangswahrscheinlichkeit nicht vom Winkel $\theta$ abhängen.

Unter Verwendung von Gl. (84) erhält man für diese Funktion:

$$S(H) = \frac{1}{2}\frac{h^2\nu_0^2}{\beta_e^2 H^3}(g_\parallel^2 - g_\perp^2) - \frac{1}{2}\left(\frac{h^2\nu_0^2}{\beta_e^2 H^2} - g_\perp^2\right)^{1/2}. \tag{86}$$

Diese Funktion besitzt eine Unstetigkeitsstelle bei der Feldstärke $H_\perp = h\nu_0/g_\perp\beta_e$ und einen scharfen Abbruch bei $H_\parallel = h\nu_0/g_\parallel\beta_e$. Sie ist in Abb. 19a skizziert, wobei $H_\parallel < H_\perp$ entsprechend $g_\parallel > g_\perp$ vorausgesetzt wurde.

In der bisherigen Betrachtung blieb die Linienbreite unberücksichtigt. Bei einer endlichen Linienbreite ändert sich das Bild

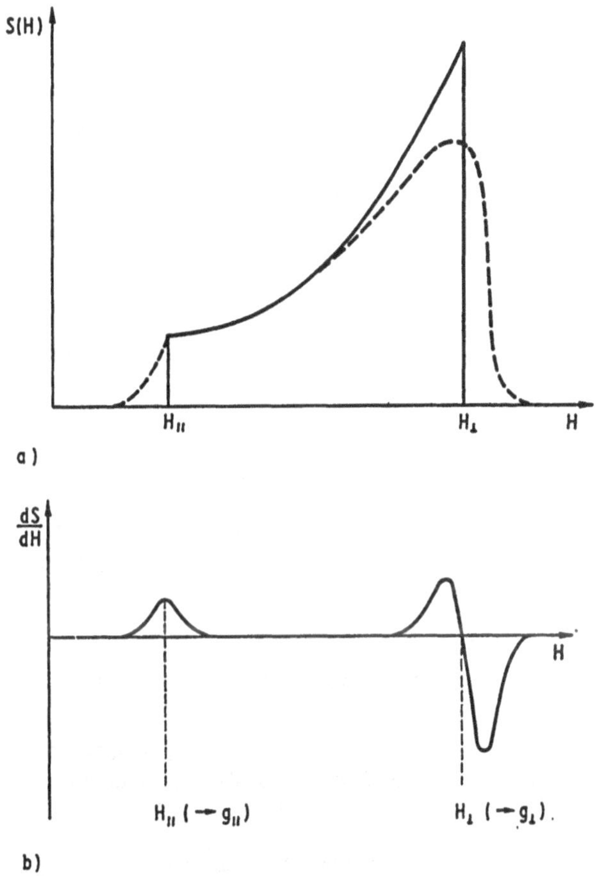


Abb. 19. Darstellung der Linienformfunktion
a) ohne (——) und mit endlicher Linienbreite (----) für $S = 1/2$, $I = 0$ (axial-symmetrischer $g$-Tensor) und
b) 1. Ableitung des ESR-Spektrums

entsprechend dem gestrichelten Verlauf in Abb. 19a. Abbildung 19b zeigt das experimentell zu erwartende ESR-Spektrum in der üblichen 1. Ableitung des Absorptionsspektrums sowie die Bestimmung von $g_{\parallel}$ und $g_{\perp}$.

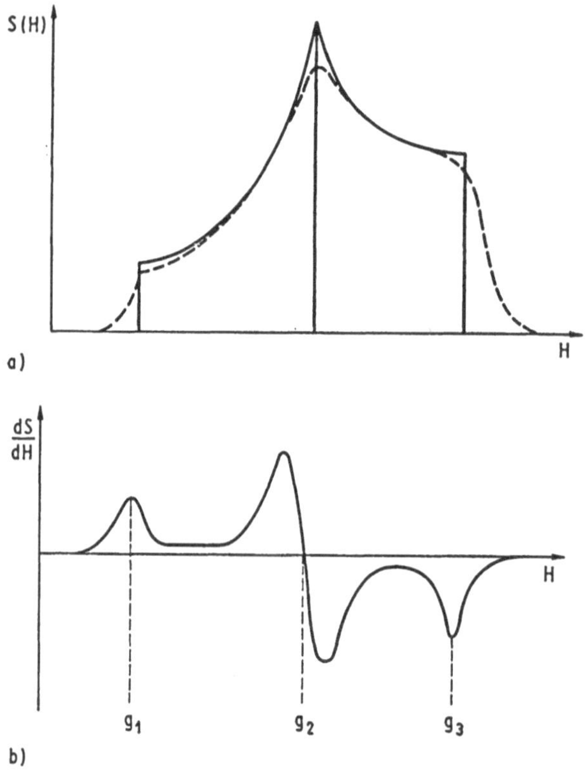


Abb. 20. Linienformfunktionen (a) und Pulver-ESR-Spektrum (b) für $S = 1/2$, $I = 0$; rhombische Symmetrie

Ist die Symmetrie niedriger als axial, erhält man Spektren vom Typ des in Abb. 20 gezeigten. Bei der Auswertung ergeben sich Schwierigkeiten, wenn zwei $g$-Werte nur wenig voneinander verschieden sind. Detailliertere Betrachtungen sind in der Literatur zu finden [9, 10].

### 3.3.2.2. Systeme mit $S = 1/2$ und $I \neq 0$

Bei Anwesenheit von Kernen mit $I \neq 0$ sind die Spektren polykristalliner Proben komplexer als für $S = 1/2$, $I = 0$-Systeme, jedoch meistens auswertbar. Ein typisches Spektrum für ein System mit $S = 1/2$ und $I = 3/2$ (axiales System) sowie die Ableitung der Parameter $g_{\parallel}$, $g_{\perp}$, $A_{\parallel}$ und $A_{\perp}$ zeigt Abb. 21. Die im

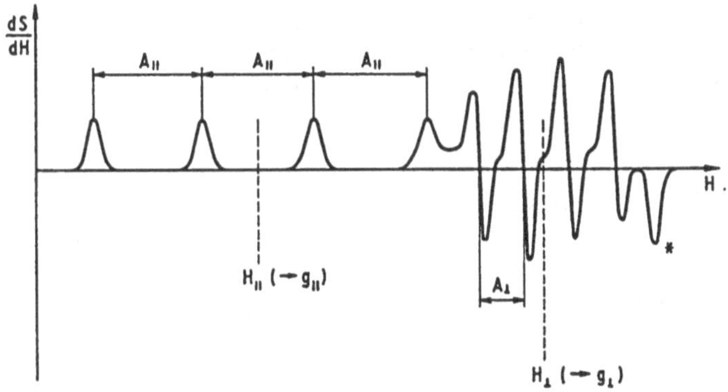


Abb. 21. Pulverspektrum für $S = 1/2$, $I = 3/2$ (z. B. $Cu^{2+}$)

Bild markierte Linie ist eine sog. „Extraabsorption", die entsteht, wenn die Linienformfunktion für eine der *hfs*-Komponenten bei Winkeln $\theta \neq 0°$, $90°$ gleich Null wird.

Bei Vorliegen niedrigerer Symmetrien wird das Spektrum komplizierter, außerdem muß zur genaueren Auswertung der Formalismus der Störungsrechnung 2. Ordnung herangezogen werden [11].

### 3.3.2.3. Systeme mit $S > 1/2$ und $I = 0$

Zur Erklärung der Pulverspektren von Systemen mit $S > 1/2$ seien axial-symmetrische Beispiele mit $S = 1$ und $S = 3/2$ betrachtet, für die der $g$-Tensor isotrop sein soll. Diese Bedingungen sind z. B. bei einer Anzahl von $Ni^{2+}$- und $Cr^{3+}$-Verbindungen wie auch bei Spintriplett-Zuständen in organischen Molekülen erfüllt.

Aus Gl. (74) ergeben sich für $S = 1$ im Einkristall in der 1. Näherung der Störungstheorie (und für $g\beta_e H_0 \gg D$) zwei Linien bei den Resonanzfeldstärken

$$H_{1,2} = H_0 \pm \frac{D}{2g\beta_e} (3 \cos^2 \theta - 1), \tag{87}$$

für $S = 3/2$ drei Linien bei

$$H_{1,3} = H_0 \pm \frac{D}{g\beta_e} (3 \cos^2 \theta - 1) \tag{88a}$$

$$H_2 = H_0. \tag{88b}$$

Entsprechend Gl. (87) sind für $S = 1$ beide Linien winkelabhängig; für $S = 3/2$ sind die beiden äußeren (88a) winkelabhängig, die mittlere (88b) nicht. Die Unstetigkeitsstellen der Linienformfunktion liegen bei $\theta = 0$ und $\theta = \pi/2$, damit ergeben sich die in Abb. 22 gezeigten Spektren.

Die Spektren werden komplizierter, wenn die Symmetrie der Verbindungen niedriger als axial ist. Die Auswertung wird auch erschwert, wenn die Nullfeldaufspaltung vergleichbar mit dem ZEEMAN-Term wird: $|D| \gtrsim |g\beta_e H|$. In diesem Fall sind nicht alle $\Delta M_s = \pm 1$-Übergänge beobachtbar, außerdem treten Extraabsorptionen bei $\theta \neq 0$, 90° auf. Solche Spektren wurden für $S = 3/2$ in der Literatur beschrieben [12, 13].

### 3.3.3. *Apparatives und Anforderungen an die Probe*

#### Apparatives

Die wichtigsten Elemente eines ESR-Spektrometers sind im Blockschema der Abb. 23 enthalten.

Das zur Resonanz erforderliche Hochfrequenzfeld ($H_1$-Feld) wird mit einem Klystron (Schwingquarz) erzeugt. In der ESR-Spektroskopie werden Klystrons verwendet, die in der überwiegenden Zahl der Fälle im $X$-Band (3 cm-Wellenlänge, $\nu \approx 9$ GHz) und im $Q$-Band (Wellenlänge: 8 mm, $\nu \approx 35$ GHz) arbeiten. In Übereinstimmung mit der Resonanzbedingung (4) erfordert die Verwendung eines $Q$-Band-Klystrons höhere Magnetfeldstärken. Ein Signal mit $g \approx 2$ erscheint im $X$-Band bei $H \approx 0{,}33$ T und im $Q$-Band bei $\approx 1{,}2$ T.

Über eine Abgleichvorrichtung, die zur Einstellung der optimalen Leistung für den Detektor dient, gelangt die elektromagnetische Strahlung über den Wellenleiter zum Resonator, der in einem homogenen Magnetfeld untergebracht ist. Zur Erfüllung der

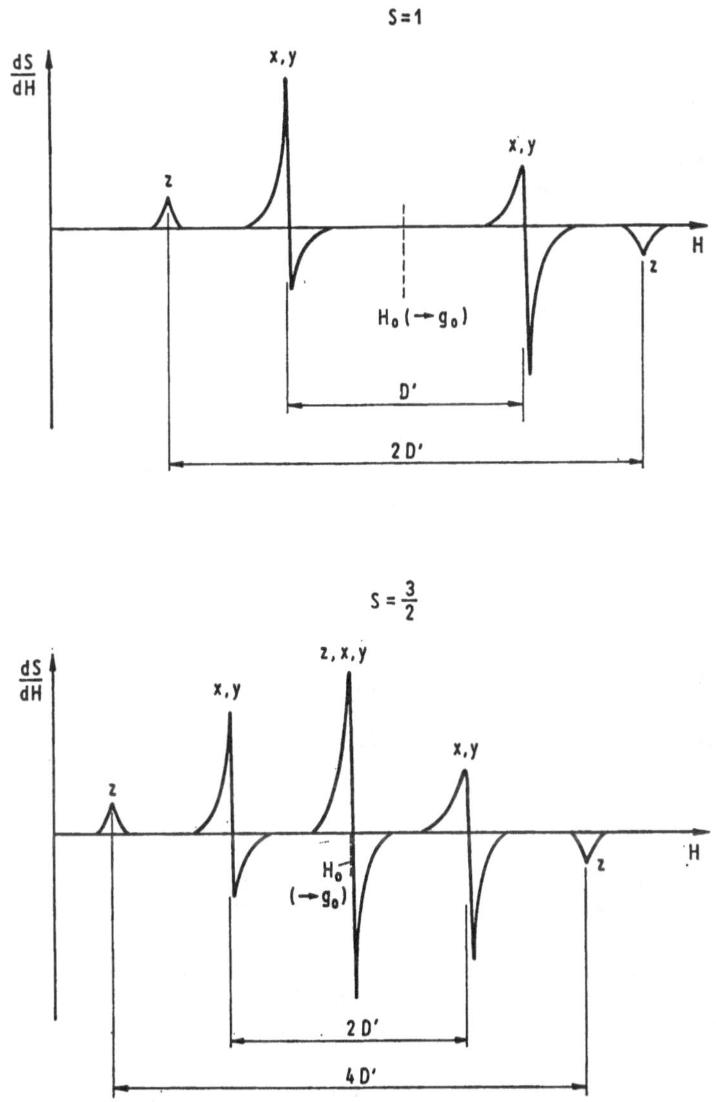


Abb. 22. Pulverspektren für axial-symmetrische Systeme mit $S = 1$ und $S = 3/2$ ($g$ — isotrop, $D' = D/g\beta_e$).
Die mit „$Z$" gekennzeichneten Linien werden für $\theta = 0$ ($H \parallel z$), die mit „$X$, $Y$" bei $\theta = \pi/2$ ($H \perp z$) erhalten

Resonanzbedingung ist diese Feldstärke variierbar (Feldsweep). Im Resonator befindet sich die Probe.

Die vom Resonator zurückgestrahlte Mikrowellenenergie gelangt über eine T-förmige Brücke zum Detektor.

Die Nachweisempfindlichkeit kann durch eine Hochfrequenzfeldmodulation (meist 100 kHz) erhöht werden. Das modulierte Signal hat die Form der ersten Ableitung der Intensität nach der

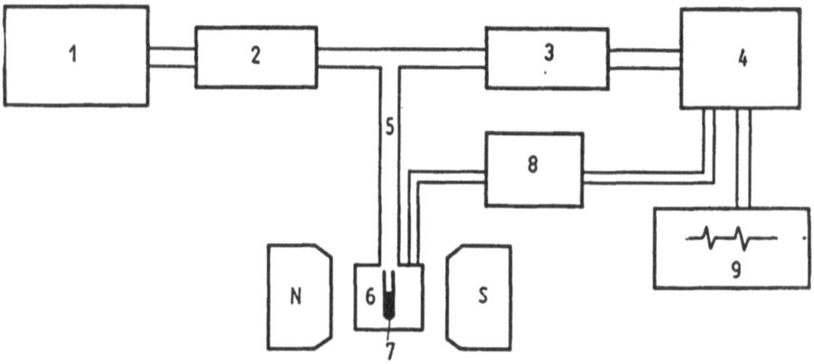


Abb. 23. Blockschema eines ESR-Spektrometers

*1* — Klystron, *2* — Dämpfungsglied, *3* — Detektor, *4* — Verstärker, *5* — Wellenleiter, *6* — Resonator, *7* — Probe, *8* — Modulation, *9* — Schreiber

Feldstärke. Die Modulationsamplitude kann jedoch nicht beliebig vergrößert werden, da sonst die Linienform beeinflußt und die Auflösung verringert wird. Deshalb sollten Modulationsamplituden verwendet werden, die kleiner als die halbe Linienbreite sind (s. Abb. 24).

Im allgemeinen ist die Intensität des ESR-Signals, das mit einem Schreiber aufgezeichnet wird, von der Intensität des eingestrahlten Mikrowellenfeldes abhängig. Wird jedoch sehr viel Energie eingestrahlt, so gleichen sich die Besetzungszahlen der Niveaus, zwischen denen die Anregung erfolgt, aus und das ESR-Signal wird nicht mehr beobachtet. Dieser Vorgang wird als Sättigung bezeichnet. Das Sättigungsverhalten ist von der Relaxationszeit $T_1$ abhängig (s. Abschn. 4.1.).

### Anforderungen an die Probe

Die Qualität des ESR-Spektrums ist von der Beschaffenheit der Probe, also von der Güte der Einkristalle, Pulver und Lösungen, vom Lösungsmittel, der Konzentration der paramagnetischen

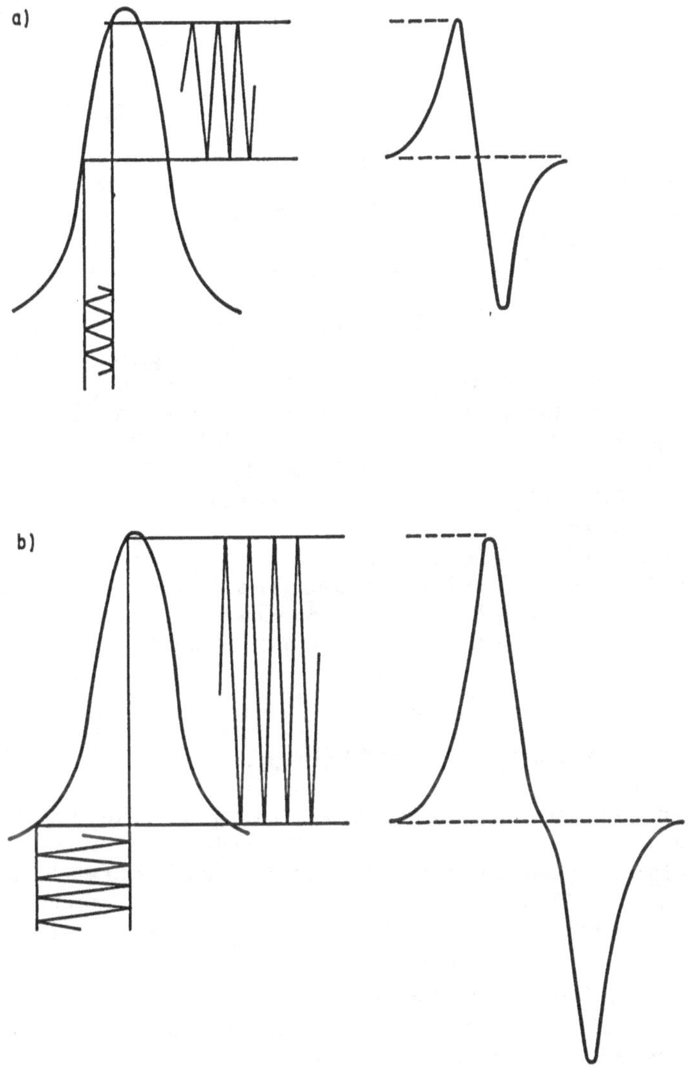


Abb. 24. HF-Modulation:

a) Modulationsamplitude ist kleiner als die halbe Linienbreite;

b) Modulationsamplitude ist größer als die Linienbreite, das Signal der 1. Ableitung ist verbreitert und verzerrt

Substanz und der gewählten Meßtemperatur abhängig. Bei höheren Konzentrationen an paramagnetischer Substanz resultiert eine intermolekulare Wechselwirkung zwischen den Elektronenspins der einzelnen Moleküle. Es entstehen breite, schlecht aufgelöste Signale. Deshalb sollten flüssige Proben ca. $10^{-3}\cdots10^{-5}$ M an paramagnetischer Verbindung sein. Bei der Untersuchung von paramagnetischen Spezies in Einkristallen oder Pulvern sollten diese durch eine geeignete Wirtsverbindung „diamagnetisch" verdünnt sein. Günstig erweisen sich diamagnetische Verdünnungen von $1:10^2$ bis $1:10^4$ (paramagnetische Substanz : Wirtssubstanz).

Die benötigte Probenmenge ist aufgrund der hohen Nachweisempfindlichkeit der ESR (ca. $10^{11}$ Spins/0,1 mT) gering: $\approx$ 0,01 bis 1 mg. Bei Einkistalluntersuchungen genügen oft Kristalle mit $1\cdots5$ mm$^3$ Volumen, bei flüssigen Proben 0,1 ml der Lösung. Sehr geeignete Lösungsmittel sind Benzen, Toluen, THF, Aceton und halogenierte Kohlenwasserstoffe. Stark polare Lösungsmittel sind weniger geeignet und müssen in speziellen Küvetten vermessen werden.

Infolge von Relaxationsprozessen hat die Meßtemperatur einen wesentlichen Einfluß auf die Auflösung des Spektrums. Sie kann bei einem modernen Spektrometer durch entsprechende Zusatzeinrichtungen zwischen 1,5 und 500 K variiert werden.

## 4. Relaxationsprozesse und ESR-Spektrum

Bisher wurden nur die Positionen der ESR-Signale auf der Magnetfeldskala und die sie beschreibenden Parameter des Spin-HAMILTON-Operators betrachtet. Jede ESR-„Linie" hat jedoch auch eine bestimmte Breite „$\Delta H_{pp}$" ($pp$ = „peak to peak"), die durch eine Reihe von Faktoren bestimmt wird und eine Anzahl von Informationen enthält. Dies sind vor allem

- die Spin-Gitter-Relaxationszeit ($T_1$)
- die homogene Verbreiterung, charakterisiert durch die transversale Relaxationszeit ($T_2$)
- inhomogene Verbreiterungen
- chemische Mechanismen.

Prinzipiell werden zwei Grenzlinienformen unterschieden: die Lorentzlinienform und die Gaußlinienform. Die Linienbreite

$\Delta H_{pp}$ steht für beide Linienformen mit der bei halber Höhe des Absorptionssignals (0. Ableitung) bestimmten Linienbreite in folgendem Zusammenhang (s. Abb. 25):

$$\Delta H_{pp} = \frac{2}{\sqrt{3}} \Gamma, \quad \Delta H_{pp} = \left(\frac{2}{\ln 2}\right)^{1/2} \Gamma. \tag{89}$$

LORENTZ-Form GAUSS-Form

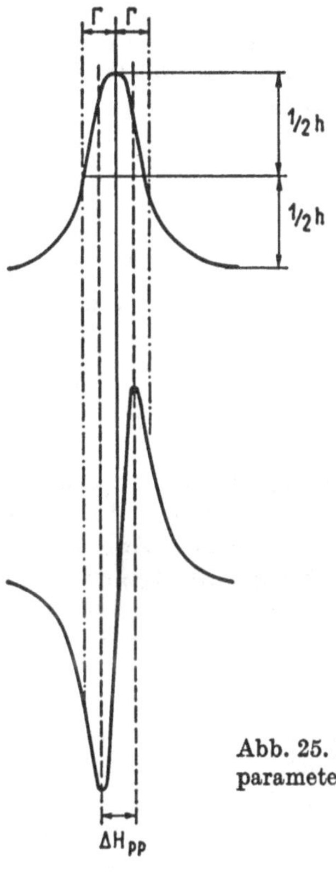


Abb. 25. Definition der Linienbreitenparameter „$\Delta H_{pp}$" und „$\Gamma$"

## 4.1. *Elektronen-Spin-Gitter-Relaxationszeit $T_1$*

Es sei ein makroskopisches System mit $N$ Spins betrachtet: Im Magnetfeld befinden sich $N_1$ Spins im Niveau $E_1$ und $N_2$ Spins im Niveau $E_2$ (Abb. 26a). Im thermischen Gleichgewicht ist das Verhältnis der Besetzungszahlen $N_1$ und $N_2$ durch die BOLTZMANN-Verteilung gegeben:

$$(N_1/N_2) = e^{g\beta_e H_0/kT}. \qquad (90)$$

Bei einem anliegenden $\vec{H}_1$-Feld werden Übergänge zwischen den Niveaus $E_1$ und $E_2$ induziert, wobei die Übergangswahrscheinlichkeiten $P_{12}$ und $P_{21}$ gleich sind. Dabei verändert sich die anfangs vorhandene Besetzungszahldifferenz rasch (exponentiell), bis beide Niveaus gleich besetzt sind. Gleichzeitig verringert sich die ESR-Signalintensität auf den Wert Null. Demzufolge müssen Wechselwirkungen existieren, die zu einem Übergang der durch das $\vec{H}_1$-Feld in das Spinsystem hinein„gepumpten" Energie an die

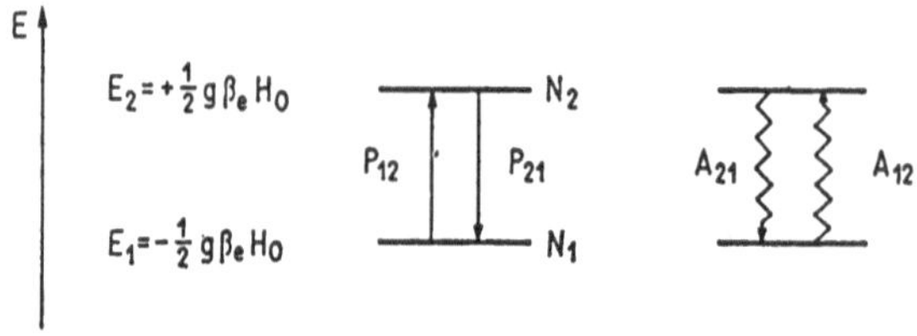


Abb. 26. Übergangswahrscheinlichkeiten der ESR- und der Relaxationsübergänge für $S = 1/2$

Umgebung, das „Gitter", führen. Das Gitter bzw. dessen thermische Bewegungen verursacht spontane Übergänge mit den Übergangswahrscheinlichkeiten $A_{12} \neq A_{21}$ (Abb. 26b), wobei das Spinsystem die überschüssige Energie abzugeben vermag. Dieser Prozeß wird Spin-Gitter-Relaxation genannt und durch die Spin-Gitter-Relaxationszeit $T_1$ charakterisiert. Für das in Abb. 26 dargestellte $S = 1/2$-System gilt: $1/T_1 = A_{12} + A_{21}$.

$T_1$ ist insbesondere bei Übergangsmetallkomplexen stark temperaturabhängig. Kurze Relaxationszeiten bedingen große Linienbreiten, lange hingegen schmale Linien. Daraus leitet sich eine wichtige Aussage bezüglich der zur Beobachtung des ESR-Spektrums zu wählenden Meßtemperatur ab. Generell gilt: Bei Systemen mit einem Bahnsingulett-Grundzustand und genügend weit entfernten angeregten Bahnzuständen ($\Delta E \gtrsim 10^4\,\mathrm{cm}^{-1}$) ist $T_1$ lang und das ESR-Spektrum bei $T > 77$ K gut meßbar. Für Systeme mit einem entarteten Bahngrundzustand ist die Ankopplung an das Gitter stark und $T_1$ kurz. Daher kann für diese Systeme das ESR-Spektrum in der Regel nur bei $T < 77$ K, oft bei $T \approx 4{,}2$ K beobachtet werden.

## *4.2. Inhomogene Linienverbreiterung*

Eine solche Verbreiterung tritt auf, wenn auf die ungepaarten Elektronen in einer Probe nicht völlig gleichartige effektive Magnetfelder wirken. Dann ist die Resonanzbedingung bei der Feldstärke $H$ nur für einen bestimmten Teil der Gesamtspinzahl erfüllt. Im Ergebnis ist die beobachtete Linie eine Überlagerung einer Vielzahl individueller Komponenten, die „Spin-Pakete“ genannt werden, wobei jede nur geringfügig von der anderen verschoben ist. Ursachen für die inhomogene Verbreiterung sind: nichtaufgelöste *hfs*-Wechselwirkungen, Kristallinhomogenitäten und Magnetfeldinhomogenitäten.

## *4.3. Homogene Linienverbreiterung*

Während sich bei der inhomogenen Verbreiterung die auf jeden magnetischen Dipol wirkenden Magnetfelder geringfügig unterscheiden, sind die eine homogene Verbreiterung bewirkenden statistisch und zeitlich ausgemittelten Felder für jeden Dipol identisch. Damit ist auch die Linienform jedes Spinpakets gleich.

Die Gesamtbreite $1/T_2$ einer homogen verbreiterten Linie ergibt sich aus der Beziehung:

$$(1/T_2) = (1/T_2') + (1/2T_1). \tag{91}$$

Dabei ist $T_2'$ die sog. Spin-Spin oder „transversale“ Relaxationszeit. Die physikalische Ursache für $T_2'$ ist im zeitabhängigen Verhalten der transversalen Komponenten der Magnetisierung zu suchen [14, 15].

## *4.4. Weitere zur Linienverbreiterung führende Mechanismen*

In flüssigen Lösungen sollten sich durch schnelle Ortsveränderung und Rotation der paramagnetischen Moleküle alle winkelabhängigen Teile des Spin-HAMILTON-Operators ausmitteln und alle Linien des Spektrums die gleiche Linienbreite besitzen. Dies ist jedoch in der experimentellen Praxis oft nicht erfüllt. Nachstehend sind Mechanismen angeführt, die zum Teil zu drastischen Änderungen im Linienbreitenverhalten führen.

### 4.4.1. *Nichtideale Mittelung winkelabhängiger Teile des Spin-Hamilton-Operators*

Nichtideale Mittelung der winkelabhängigen Teile des Spin-Hamilton-Operators bedeutet einen Schritt in Richtung Pulverspektren, d. h., anisotrope Anteile tragen wesentlich zur Linienbreite bei. Ein einfacher, häufig vorkommender Fall — ein System mit $S = 1/2$ und $I \neq 0$ — soll zur Illustration dargestellt werden. Bei nichtidealer Mittelung hängt die Linienbreite $\Delta H_{pp}$ von der

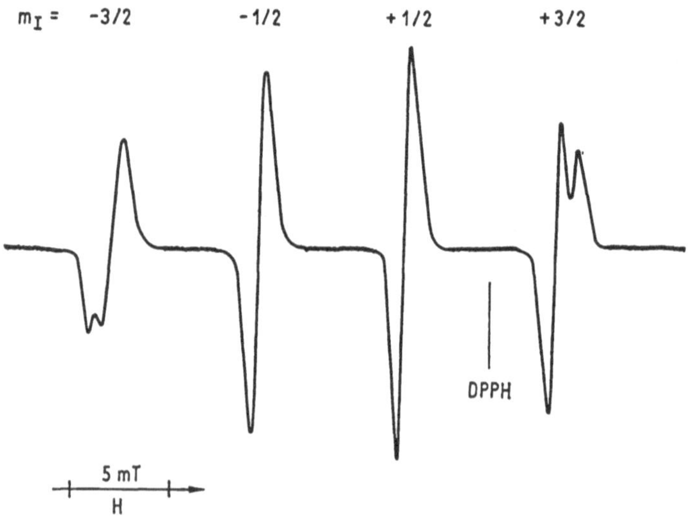


Abb. 27. ESR-Spektrum von Bis(diethyl-dithiocarbamato)Cu(II) in $CHCl_3$ bei $T = 315$ K
Aufgrund der geringen Linienbreite ist die $^{63,65}$Cu-Isotopieaufspaltung zu erkennen.

*g*- und *hfs*-Anisotropie, der Viskosität des Lösungsmittels, der Temperatur und der Kernspinquantenzahl $m_I$ ab. Diese Abhängigkeit ist wie folgt darstellbar:

$$\Delta H_{pp} = \alpha' + \beta' m_I + \varepsilon' m_I^2, \tag{92}$$

wobei die genannten Einflüsse in den Parametern $\alpha'$, $\beta'$ und $\varepsilon'$ enthalten sind [16]. Abbildung 27 veranschaulicht den Einfluß der nichtidealen Mittelung anhand des Spektrums von Bis(diethyl-dithiocarbamato)kupfer(II) in Chloroform.

### 4.4.2. Chemische Mechanismen

Die Linienbreite ist generell eine Funktion von chemischen Mechanismen, wenn diese die Umgebung des ungepaarten Elektrons verändern können [17, 18]. Der prinzipielle Einfluß sei an einem Radikal dargestellt, das in zwei verschiedenen Formen (z. B. sterische Isomere) $A$ und $B$ vorkommen kann, die verschiedene ESR-Spektren zur Folge haben. Zwecks besserer Übersicht sei die Konzentration beider Formen gleich und beide sollen nur eine Linie im Spektrum ergeben.

Abbildung 28 zeigt das Verhalten des ESR-Spektrums in Abhängigkeit von der Größe der Umwandlungsgeschwindigkeit des Gleichgewichtes $A \rightleftharpoons B$. Die Umwandlungsgeschindigkeit bestimmt die mittlere Lebensdauer $\tau$ der Teilchen A und B. Für $\tau \to \infty$ (geringe Umwandlungsgeschwindigkeit) besteht das Spektrum aus individuellen Linien von A und B, wobei beide Linien unverbreitert sind: $\Gamma_A = \Gamma_B = \Gamma_0$.

Bei anwachsender Umwandlungsgeschwindigkeit wird bei $\tau > 10^{-7}$ s eine Verbreiterung beider Linien beobachtet (Abb. 28b). Wenn $\tau$ in die Größenordnung der Resonanzfrequenzen von A und B kommt, erfolgt neben einer weiteren Linienverbreiterung eine Verschiebung der Linien in Richtung des Zentrums des Spektrums (Abb. 28c). Die Verschiebung ist wie folgt mit der Größe von $\tau$ verbunden:

$$(\Delta H_0^2 - \Delta H_v^2)^{1/2} = \sqrt{2}/2\gamma_e\tau. \tag{93}$$

$\Delta H_0$ — Abstand zwischen den Linien bei $\tau \to \infty$, $\Delta H_v$ — Abstand beider Linien bei gegenseitiger Umwandlung, $\gamma_e = g_e\beta_e/\hbar$ — gyromagnetisches Verhältnis des Elektrons.

Bei $\tau \approx 10^{-10}$ s (schneller Austausch) laufen beide Linien zu einer, zunächst noch verbreiterten Linie zusammen; bei $\tau \to 0$ ist die Breite dieser Linie gleich der für $\tau \to \infty$ (Abb. 28d, e). Unter der Voraussetzung gleicher Lebensdauern und Konzentrationen für A und B wird die Linie bei schnellem Austausch bei der Feldstärke $H_m = (H_A + H_B)/2$ beobachtet. Sind diese Voraussetzungen nicht erfüllt, dann werden die Verhältnisse komplizierter.

Mechanismen, die zum genannten Verhalten führen, sind in den Abschn. 6.4.2. und 8.2.5. vorgestellt.

Zu beachten ist, daß der Austausch zwischen den Elektronenspins bei höheren Konzentrationen an paramagnetischer Substanz ($> 10^{-2}$ M) zum gleichen Effekt wie oben beschrieben führt.

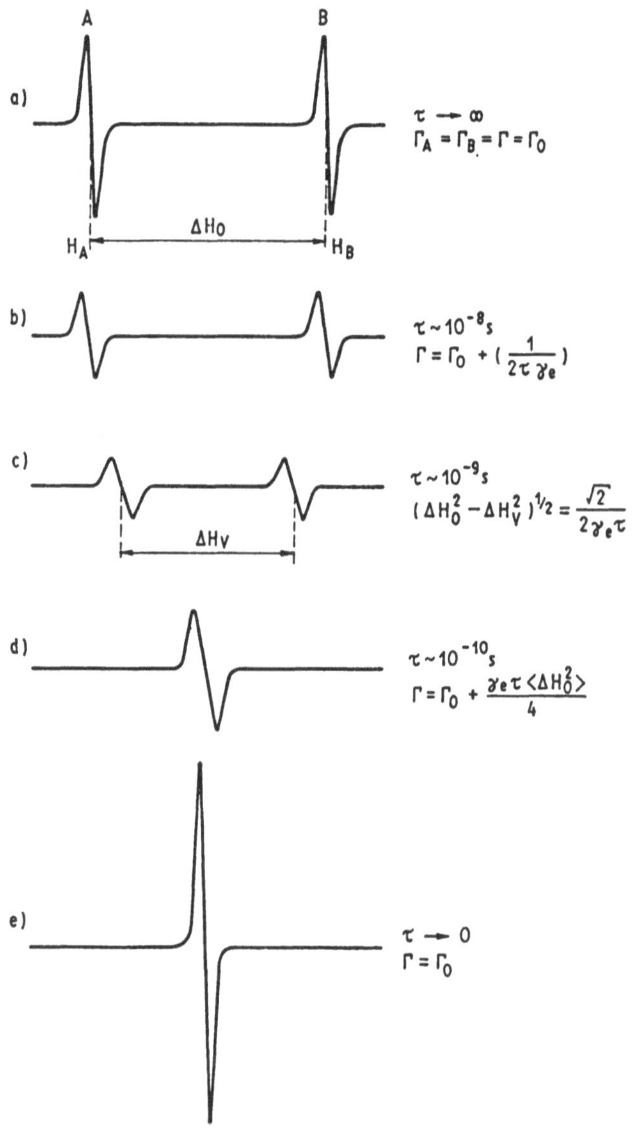


Abb. 28. Abhängigkeit des ESR-Spektrums von der Größe der Umwandlungsgeschwindigkeit zweier Formen *A* und *B* einer paramagnetischen Spezies

# 5. Anwendungen der ESR-Spektroskopie — Allgemeine Vorbemerkungen

Die beschriebenen Parameter des Spin-HAMILTON-Operators sind Eigenschaftstensoren, d. h., sie erhalten die Information über Struktur, Bindung, intra- und intermolekulare (magnetische) Wechselwirkungen. Abbildung 29 verdeutlicht den zur Ableitung dieser Information erforderlichen Gang der Auswertung anhand des ESR-Experimentes am diamagnetisch verdünnten Einkristall. Dazu ist folgendes anzumerken:

a) Die Konstruktion eines Modells bedeutet, ein entsprechend den Vorstellungen über die Symmetrie und den Bindungscharakter geeignetes Näherungsverfahren anzuwenden (Kristallfeld- oder Molekülorbital (*MO*)-Modell). Dabei sind Molekül- und Kristallstrukturdaten, wenn vorhanden, eine wesentliche Hilfe. Letztere sind auch von Wichtigkeit für das Experiment selbst, da Einkristalle dann entsprechend den kristallographischen Achsen orientiert werden können.

b) Das Vorgehen bei der Ableitung analytischer Ausdrücke für die Tensorparameter im Rahmen der Kristallfeldtheorie und mit der MO-Methode ist im Abschn. 6.3. beschrieben. Bei einem MO-Modell sind symmetrieadaptierte Molekülorbitale zu verwenden.

c) Die Verifizierung des Modells hat den Sinn, die abgeleiteten analytischen Ausdrücke für die Tensorparameter mit den experimentell erhaltenen Parametern zu korrelieren. Ergeben sich physikalisch vernünftige Werte, so ist das gewählte Modell gerechtfertigt. Dazu sind Informationen der UV/VIS-Spektroskopie über die Lage der nächsten angeregten Niveaus sehr wertvoll. Nach erfolgter Verifizierung werden die genannten Informationen erhalten.

Das in Abb. 29 dargestellte Schema gilt auch für polykristalline Proben und gefrorene Lösungen und ist gemäß den gewünschten Aussagen zu modifizieren. Besteht z. B. die gesuchte Information im Nachweis einer bestimmten Oxydationsstufe eines Metalls oder in der Aussage, ob bei einer Komplexverbindung „low-spin"- oder „high-spin"-Verhalten vorliegt, dann genügt eine qualitative Betrachtung des Spektrums. Ebenso ist für die Aussage zur Struktur ohne detaillierte Analyse des Bindungscharakters ein

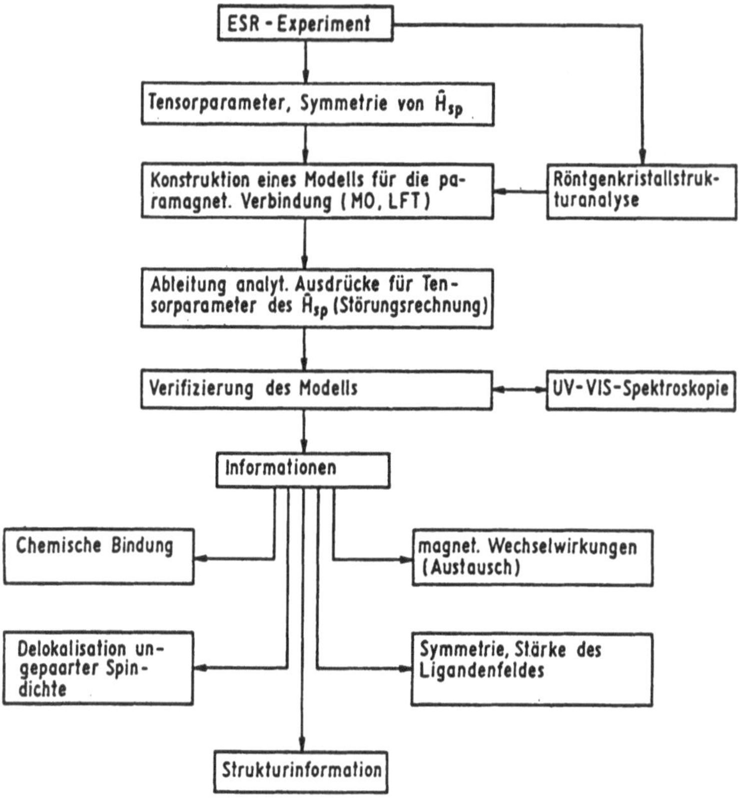


Abb. 29. Allgemeines Schema für die Auswertung des ESR-Experimentes (Einkristall-Experiment)

mathematisch anspruchsvolles Vorgehen oft nicht notwendig. Hier führt eine qualitative Analyse der Spektrenparameter meistens zum Ziel.

Freie Radikale werden in der überwiegenden Zahl in flüssigen Lösungen untersucht. Die Auswertung besteht daher hauptsächlich in der Analyse der isotropen *hfs*-Kopplungskonstanten.

Bei der Untersuchung von chemischen Gleichgewichten sowie der Ableitung thermodynamischer und kinetischer Größen sind neben der Zuordnung der einzelnen Spezies zu den entsprechenden Signalen im ESR-Spektrum Konzentrationsmessungen und Linienbreitenauswertungen erforderlich.

# 6. Anwendungen in der Koordinationschemie — Übergangsmetallkomplexverbindungen

## 6.1. Energieniveaus der d-Elektronen im Kristallfeld

Die Interpretation der ESR-Spektren von Übergangsmetallkomplexen erfordert Kenntnisse über die Aufspaltung des Grundterms im freien Ion durch das Kristallfeld. In Tab. 2 sind die Grundzustände der $3d$-Ionen charakterisiert.

Tabelle 2
Eigenschaften der Grundzustände der $3d^n$-Ionen ($S$, $L$, $J$ — Gesamtspin, Bahndrehimpuls, Gesamtdrehimpuls).

| $d$-Elektronenzahl | $S$ | $L$ | $J$ | $^{2S+1}L_J$ | Bahnentartungsgrad | Beispiele |
|---|---|---|---|---|---|---|
| 1 | 1/2 | 2 | 3/2 | $^2D_{3/2}$ | 5 | $Ti^{3+}$, $V^{4+}$, $Cr^{5+}$ |
| 2 | 1 | 3 | 2 | $^3F_2$ | 7 | $Ti^{2+}$, $V^{3+}$, $Cr^{4+}$ |
| 3 | 3/2 | 3 | 3/2 | $^4F_{3/2}$ | 7 | $V^{2+}$, $Cr^{3+}$, $Mn^{4+}$ |
| 4 | 2 | 2 | 0 | $^5D_0$ | 5 | $Cr^{2+}$, $Mn^{3+}$ |
| 5 | 5/2 | 0 | 5/2 | $^6S_{5/2}$ | 1 | $Cr^{+}$, $Mn^{2+}$, $Fe^{3+}$ |
| 6 | 2 | 2 | 4 | $^5D_4$ | 5 | $Fe^{2+}$ |
| 7 | 3/2 | 3 | 9/2 | $^4F_{9/2}$ | 7 | $Fe^{+}$, $Co^{2+}$, $Ni^{3+}$ |
| 8 | 1 | 3 | 4 | $^3F_4$ | 7 | $Co^{+}$, $Ni^{2+}$, $Cu^{3+}$ |
| 9 | 1/2 | 2 | 5/2 | $^2D_{5/2}$ | 5 | $Ni^{+}$, $Cu^{2+}$ |

Das von den Punktladungen der Liganden (Kristallfeldnäherung) ausgehende elektrostatische Kristallfeld führt zu einer Veränderung der potentiellen Energie der $d$-Elektronen und vermag je nach seiner Symmetrie die Bahnentartung des Grundzustandes aufzuheben. Es resultiert eine bestimmte Anzahl von Folgetermen.

Zur Bestimmung des Einflusses des Kristallfeldes müssen die Matrixelemente des Kristallfeldoperators $\hat{H}_{CF}$ berechnet werden [19]

$$\langle L, M_L| \hat{H}_{CF} |L, M_L\rangle, \tag{94}$$

$L$ — Bahndrehimpuls, $M_L$ — Bahndrehimpulsquantenzahl

wobei die $d$-Wellenfunktionen des Bahndrehimpulses ($d$-Orbitale) in ihrer reellen Form wie folgt darstellbar sind:

$$d_{x^2-y^2} = \frac{1}{\sqrt{2}}(|2\rangle + |-2\rangle), \quad d_{xy} = -\frac{i}{\sqrt{2}}(|2\rangle - |-2\rangle),$$
$$d_{xz} = \frac{1}{\sqrt{2}}(|-1\rangle - |1\rangle), \quad d_{yz} = \frac{i}{\sqrt{2}}(|-1\rangle + |1\rangle), \tag{95}$$
$$d_{z^2} = |0\rangle.$$

In Abb. 30 und 31 sind die Kristallfeldaufspaltungen der $D$-Zustände für $3d^1$- und $3d^6$-Ionen im oktaedrischen ($O_h$-) bzw. tetraedrischen ($T_d$-) Kristallfeld ohne und mit einer tetragonalen

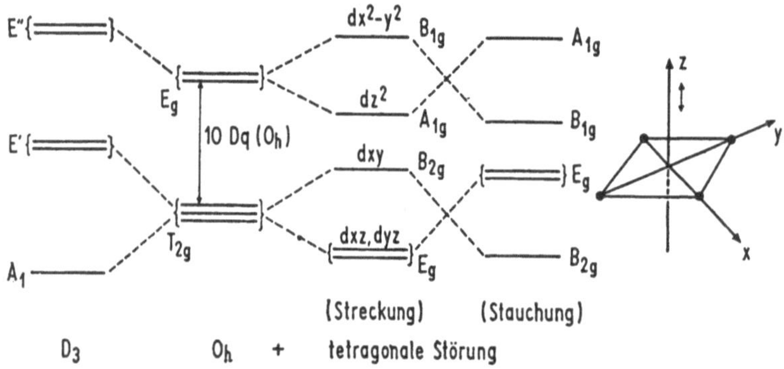


Abb. 30. Termaufspaltung im oktaedrischen ($O_h$-), tetragonalen ($D_{4h}$-) und trigonalen ($D_3$-) Kristallfeld für $d^1$- und $d^6$-Ionen

Störkomponente (tetragonale Streckung bzw. Stauchung entlang der $z$-Achse) dargestellt. Für $3d^4$- und $3d^9$-Ionen kehrt sich die Reihenfolge der Energieniveaus um. Die Ursache liegt im Fehlen jeweils eines Elektrons bis zur halbgefüllten bzw. gefüllten $d$-Schale. Daher können diese Ionen als Systeme mit einem positiven „Loch" betrachtet werden, was gleichbedeutend mit einer Umkehrung des Vorzeichens des Kristallfeldpotentials ist. Abbildung 30 zeigt außerdem den Einfluß eines trigonalen ($D_3$-) Kristallfeldes.

Mit den Symbolen „$T$" werden dreifach, mit „$E$" zweifach bahnentartete Zustände und mit „$A$" oder „$B$" Bahnsingulettzustände bezeichnet. Der Index „$g$" kennzeichnet eine „gerade"

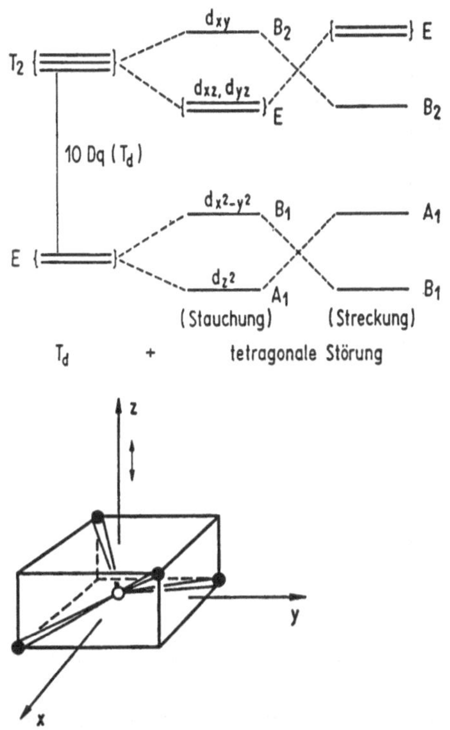


Abb. 31. Termsaufspaltung im tetraedrischen ($T_d$-) und im entlang „$z$" gestauchten bzw. gestreckten $T_d$-Kristallfeld für $d^1$- und $d^6$-Ionen

Symmetrie (Vorliegen eines Inversionszentrums); die Indices „1" oder „2" charakterisieren das Symmetrieverhalten bei Rotationen um $x$, $y$ oder $z$ [19].

$\Delta = 10$ Dq ist der Kristallfeldstärkeparameter. Sein Vorzeichen ist im $T_d$-Kristallfeld entgegengesetzt zu dem im $O_h$-Kristallfeld, daher erfolgt unter $T_d$-Symmetrie eine Inversion der Reihenfolge der Energieniveaus im Vergleich zur $O_h$-Symmetrie. Gleichzeitig ist im Tetraeder die Aufspaltung wegen der schwächeren Wechselwirkung zwischen den $d$-Elektronen und den negativen Punktladungen der Liganden geringer:

$$\Delta(T_d) = -\frac{4}{9}\,\Delta(O_h)\,. \tag{96}$$

Die Abb. 30 und 31 zeigen, daß die Erniedrigung der Kristallfeldsymmetrie zu einer teilweisen Aufhebung der Bahnentartung führt. Bei noch niedrigeren als den dargestellten Kristallfeldsymmetrien (z. B. $D_{2h}$, $D_{2d}$, $C_{2v}$, ...) ist die Aufhebung der Bahnentartung vollständig.

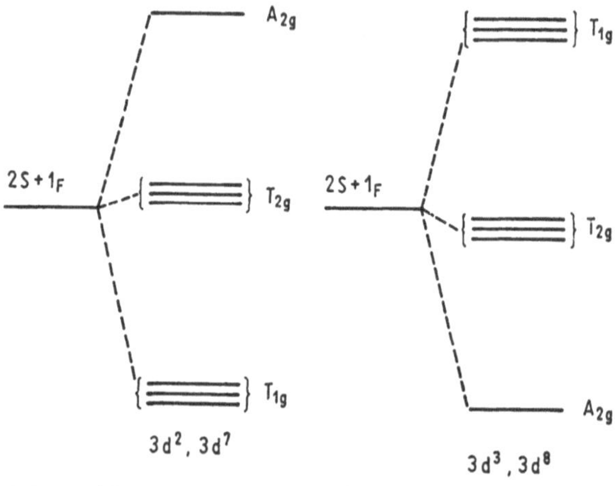


Abb. 32. Termaufspaltung des $^{2S+1}F$-Grundterms von $3d^2$-, $3d^7$-, $3d^3$- und $3d^8$-Ionen im oktaedrischen Kristallfeld

Der Grundzustand freier Ionen der Konfigurationen $3d^2$, $3d^3$, $3d^7$ und $3d^8$ ist entsprechend dem Gesamtbahndrehimpuls $L = 3$ ein $F$-Zustand. Für $O_h$-Symmetrie ergeben sich die in Abb. 32 dargestellten Aufspaltungsbilder.

Im $T_d$-Kristallfeld ist die Energieniveaureihenfolge gegenüber $O_h$-Symmetrie wiederum umgekehrt. Bei niedrigeren Symmetrien kommt es zu Aufspaltungen der $T$-Niveaus.

Ionen im $S$-Zustand ($Mn^{2+}$, $Fe^{3+}$) besitzen keine Bahnentartung im Grundzustand. Demzufolge leiten sich im elektrostatischen Kristallfeld keine weiteren Folgeterme ab.

## 6.2. *Spin-Bahn-Wechselwirkung und Spin-*Hamilton-*Operator*

Für die Mehrzahl der Moleküle ist das Bahnmoment im Grundzustand gleich Null. Daher könnte man erwarten, daß in diesen Fällen der $g$-Wert gleich dem $g$-Faktor des freien Elektrons $g_e$ ist.

Experimentell wird jedoch in nahezu allen Fällen ein $g$-Faktor $g \neq g_e$ beobachtet, der sich darüber hinaus sehr oft dann, wenn das Molekül orientiert vorliegt, noch als anisotrope Größe erweist. Eine Erklärung liefert die Betrachtung des Einflusses der Spin-Bahn-Wechselwirkung, die in folgender Form geschrieben werden kann:

$$\hat{H}_{LS} = \lambda \hat{\boldsymbol{L}} \cdot \hat{\boldsymbol{S}} = \lambda(\hat{L}_x \hat{S}_x + \hat{L}_y \hat{S}_y + \hat{L}_z \hat{S}_z). \tag{97}$$

$\lambda$ ist die Spin-Bahn-Kopplungskonstante ($LS$-Kopplungskonstante) des freien Ions, die mit der jeweiligen Einelektronen-$LS$-Kopplungskonstante $\xi$ in folgender Beziehung steht („+" für die Konfigurationen $d^1$—$d^4$, „—" für $d^6$—$d^9$):

$$\lambda = \pm \xi / 2S. \tag{98}$$

$\xi$-Werte für Ionen der $3d$- und $4d$-Reihe sind in Tab. 3 zusammengestellt.

Während elektrostatische Felder, z. B. das Kristallfeld, nicht direkt auf den Elektronenspin wirken können, ist eine Einwirkung dieser Wechselwirkungen jedoch über die $LS$-Kopplung möglich.

Tabelle 3
Einelektronen-Spin-Bahn-Kopplungskonstanten und $\langle r^{-3} \rangle$-Werte für $3d^n$- und $4d^n$-Ionen [20, 21].

| $d^n$ | 3d-Ionen | | | 4d-Ionen | | |
|---|---|---|---|---|---|---|
| | Ion | $\xi$ (cm$^{-1}$) | $\langle r^{-3} \rangle$ (a. E.) | Ion | $\xi$ (cm$^{-1}$) | $\langle r^{-3} \rangle$ (a. E.) |
| $d^1$ | $Ti^{3+}$ | 154 | 2,552 | $Nb^{4+}$ | 750 | |
| $d^1$ | $V^{4+}$ | 255 | 3,684 | $Mo^{5+}$ | 1030 | |
| $d^2$ | $Ti^{2+}$ | 120 | 2,133 | $Nb^{3+}$ | 670 | 3,913 |
| $d^2$ | $V^{3+}$ | 209 | 3,217 | | | |
| $d^3$ | $V^{2+}$ | 168 | 2,748 | $Mo^{3+}$ | 800 | 4,707 |
| $d^3$ | $Cr^{3+}$ | 276 | 3,959 | $Tc^{4+}$ | 1150 | |
| $d^4$ | $Cr^{2+}$ | 236 | 3,451 | $Mo^{2+}$ | 695 | 4,175 |
| $d^4$ | $Mn^{3+}$ | 360 | 4,790 | | | |
| $d^5$ | $Mn^{2+}$ | — | 4,250 | $Ru^{3+}$ | 1180 | 6,496 |
| $d^6$ | $Fe^{2+}$ | 404 | 5,081 | $Ru^{2+}$ | 1000 | 5,858 |
| $d^7$ | $Co^{2+}$ | 528 | 6,035 | $Rh^{2+}$ | 1220 | 6,804 |
| $d^7$ | $Ni^{3+}$ | 816 | 7,790 | $Pd^{3+}$ | 1640 | 8,487 |
| $d^8$ | $Ni^{2+}$ | 644 | 7,094 | $Pd^{2+}$ | 1600 | 7,814 |
| $d^9$ | $Cu^{2+}$ | 829 | 8,252 | $Ag^{2+}$ | 1840 | 8,905 |

So vermag die $LS$-Kopplung angeregte Bahnzustände dem Grundzustand beizumischen.

Die $LS$-Wechselwirkung ist klein gegenüber $\hat{H}_{CF}$; daher kann der Operator (97) als Störoperator aufgefaßt werden. Für den Fall, daß der Grundzustand die Form $|n\rangle = |L, M_L\rangle$ besitzt und nicht bahnentartet ist, gibt die $LS$-Wechselwirkung in der 1. Ordnung der Störungstheorie für den Bahndrehimpuls keinen Beitrag. In der 2. Ordnung liefert die $LS$-Kopplung jedoch Beiträge der Art

$$\tilde{\Lambda} = \sum_{n \neq n'} \frac{\langle n| \hat{L} |n'\rangle \langle n'| \hat{L} |n\rangle}{E_{n'} - E_n}. \tag{99}$$

Dabei ist $\tilde{\Lambda}$ ein Tensor 2. Ranges, dessen Elemente sich wie folgt bestimmen lassen:

$$\Lambda_{ij} = \sum_{n \neq n'} \frac{\langle n| \hat{L}_i |n'\rangle \langle n'| \hat{L}_j |n\rangle}{E_{n'} - E_n}, \tag{100}$$

$i, j = x, y, z$

Diese Störungsrechnung für den Bahnanteil der Wellenfunktionen ergibt nun für die Komponenten der Tensorparameter $\tilde{g}$ und $\tilde{D}$ des Spin-Hamilton-Operators (58) [2]:

$$g_{ij} = g_e \delta_{ij} - 2\lambda \Lambda_{ij}, \tag{101}$$

$$D_{ij} = -\lambda^2 \Lambda_{ij} \tag{102}$$

($\delta_{ij} = 0$ für $i \neq j$ und $\delta_{ij} = 1$ für $i = j$).

Die Anisotropie bzw. Abweichung der experimentell beobachteten $g$-Werte von $g_e$ zeigt das Vorhandensein von Bahnbeiträgen angeregter Zustände im Grundzustand an und ist mit dem Tensor $\tilde{\Lambda}$ verbunden. Bei Kenntnis der Tensorelemente $\Lambda_{ij}$ kann $\tilde{g}$ unmittelbar berechnet werden (s. Abschn. 6.3.1.1.).

Für die Komponenten $A_{ij}$ des $hfs$-Tensors $\tilde{A}$ erhält man [2]:

$$A_{ij} = P(\varkappa \delta_{ij} + 3\zeta l_{ij} + 2\lambda \Lambda_{ij} - 3\zeta \lambda u_{ij}). \tag{103}$$

Dabei sind $P = g_e g_N \beta_e \beta_N \langle r^{-3}\rangle$ ($\langle r^{-3}\rangle$ = Erwartungswert der Radialverteilung des $d$-Zustands), $\varkappa$ die Kontakt-$hfs$-Wechselwirkung,

$$l_{ij} = \frac{1}{2} \langle n| \hat{L}_i \hat{L}_j + \hat{L}_j \hat{L}_i |n\rangle - \frac{1}{3} L(L+1)\, \delta_{ij} \tag{104}$$

und

$$u_{ij} = -\frac{i}{2} \varepsilon_{ikl} \sum_{n \neq n'} \frac{\langle n | \hat{L}_l | n' \rangle \langle n' | \hat{L}_i \hat{L}_k + \hat{L}_k \hat{L}_i | n \rangle}{E_{n'} - E_n}, \tag{105}$$

$$\varepsilon_{ikl} = \begin{cases} +1, \text{ wenn } (ikl) \text{ eine gerade Permutation von } (xyz) \text{ ist} \\ -1, \text{ wenn } (ikl) \text{ eine ungerade Permutation von } (xyz) \text{ ist} \end{cases}$$

$\varepsilon_{ikl} = 0$, wenn zwei der $(ikl)$ gleich sind.
$\Lambda_{ij}$ ist in Gl. (100) definiert, $\zeta$ ist eine von $L$ und $S$ abhängige Konstante.

Gleichung (103) zeigt, daß die $LS$-induzierten Beimischungen der angeregten Zustände $|n'\rangle$ auch die $A_{ij}$-Werte beeinflussen, allerdings gegenüber $g$ im geringeren Maße. Die Beiträge (105) sind oft klein und können für viele Betrachtungen vernachlässigt werden.

In Tab. 3 sind für verschiedene $3d$- und $4d$-Ionen $\langle r^{-3} \rangle$-Werte zusammengestellt.

## 6.3. Struktur, Symmetrie und chemische Bindung

### 6.3.1. ESR-Einkristalluntersuchungen

#### 6.3.1.1. Das Kristallfeld-Modell

Es sei ein $3d^1$-Ion, z. B. $V^{4+}$, in einem tetraedrischen Kristallfeld betrachtet, das entlang der $z$-Achse tetragonal gestreckt ist. Das Energieniveauschema ist in Abb. 31 (S.75) gezeigt; der Grundzustand ist $|d_{x^2-y^2}\rangle$. Die Berechnung der $g$-Tensorhauptwerte erfolgt nach Gl. (101). Es ergibt sich

$$g_{zz} = g_{\parallel} = g_e - 2\lambda \Lambda_{zz} \tag{106}$$

mit

$$\Lambda_{zz} = \sum_{n' \neq |x^2 - x^2\rangle} \frac{\langle x^2 - y^2 | \hat{L}_z | n' \rangle \langle n' | \hat{L}_z | x^2 - y^2 \rangle}{E_{n'} - E_{x^2-y^2}}. \tag{107}$$

Berücksichtigt man die Beziehungen

$$\begin{aligned} \langle L', M_L' \mid L, M_L \rangle &= 1 \quad \text{für} \quad L' = L, M_L' = M_L \\ \langle L', M_L' \mid L, M_L \rangle &= 0 \quad \text{für} \quad L' \neq L \text{ oder } M_L' \neq M_L \end{aligned} \tag{108}$$

und

$$\langle L, M_L | \hat{L}_z | L, M_L \rangle = M_L \tag{109}$$

so erhält man:

$$g_{zz} = g_{\parallel} = g_e - (8\lambda/\Delta E_{xy}). \tag{110}$$

$\Delta E_{xy} = E_{xy} - E_{x^2-y^2}$ ist die Energiedifferenz zwischen dem Grundzustand und dem Zustand $|B_2\rangle$.

$g_{xx}$ errechnet sich aus Gl. (111) mit dem in $\Lambda_{xx}$ enthaltenen Operator $\hat{L}_x$ zu

$$g_{xx} = g_e - 2\lambda\Lambda_{xx} = g_e - (2\lambda/\Delta E_{xz,yz}) \tag{111}$$

mit $\Delta E_{xz,yz} = E_{xz,yz} - E_{x^2-y^2}$. Für $g_{yy} = g_e - 2\lambda\Lambda_{yy}$ ergibt sich dasselbe wie für $g_{xx}$, demnach ist $g_{xx} = g_{yy} = g_{\perp}$.

Bei der Berechnung drückt man $\hat{L}_x$ und $\hat{L}_y$ in Schiebeoperatoren aus (112) und berücksichtigt die Beziehungen (108) sowie (113):

$$\hat{L}_x = (\hat{L}_+ + \hat{L}_-)/2, \quad \hat{L}_y = (\hat{L}_+ - \hat{L}_-)/2i, \tag{112}$$

$$\begin{aligned} \langle L, M_L + 1|\, \hat{L}_+ \,|L, M_L\rangle &= [L(L+1) - M_L(M_L+1)]^{1/2} \\ \langle L, M_L - 1|\, \hat{L}_- \,|L, M_L\rangle &= [L(L+1) - M_L(M_L-1)]^{1/2}. \end{aligned} \tag{113}$$

Entsprechend dem axial-symmetrischen Kristallfeld wird ein axial-symmetrischer $g$-Tensor erhalten.

Wird dem entlang „$z$" gestreckten Tetraeder durch eine Verzerrung entlang der $x$-Achse eine weitere, niedrig-symmetrische Störkomponente auferlegt, so wird die Grund- und Deckfläche des in Abb. 31 in einen Würfel eingezeichneten Tetraeders zu einem Rechteck. Dies verursacht eine Aufspaltung des für eine tetragonale Streckung noch entarteten $|E\rangle$-Zustandes. Die Berechnung von $g_{zz}$, $g_{xx}$ und $g_{yy}$ ist identisch mit der oben beschriebenen, jedoch ist nun

$$g_{xx} = g_e - 2\lambda/\Delta E_{xz} \neq g_{yy} = g_e - 2\lambda/\Delta E_{yz}, \tag{114}$$

da sich $\Delta E_{xz}$ und $\Delta E_{yz}$ unterscheiden.

Als Beispiel sei Tetramesitylvanadium(IV), $VMes_4$ (Abb. 33), eingebaut in Einkristalle des entsprechenden Ti(IV)-Chelats, betrachtet [22], in dem aufgrund der sterisch anspruchsvollen Liganden nur eine verzerrt tetraedrische Koordination vorliegen kann.

Abbildung 34 zeigt ein typisches Einkristall-ESR-Spektrum von $V/TiMes_4$. Es besteht aufgrund der Wechselwirkung des ungepaarten Elektrons mit dem Kernspin $I = 7/2$ des Isotops $^{51}V$ aus einem $hfs$-Linienoktett. Tabelle 4 enthält die erhaltenen ESR-

Parameter, Abb. 35 zeigt die Lage der Hauptachsen von $\tilde{g}$ und $\tilde{A}^V$ im Molekülgerüst.

Sowohl $\tilde{g}$ als auch $\tilde{A}^V$ sind rhombisch; in der $x, y$-Ebene beider Tensoren fallen die Hauptachsen nicht zusammen. Der entspre-

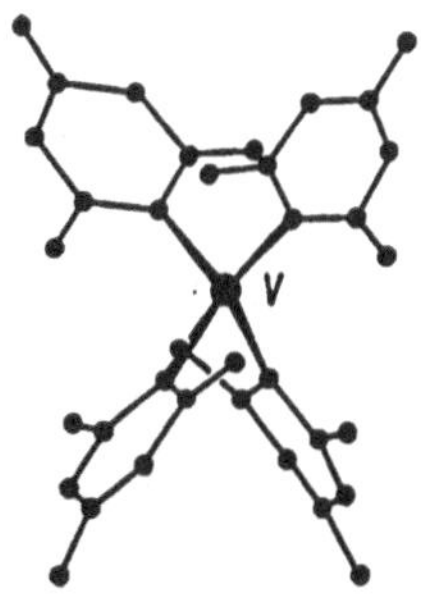


Abb. 33. Struktur von Tetramesitylvanadium(IV)

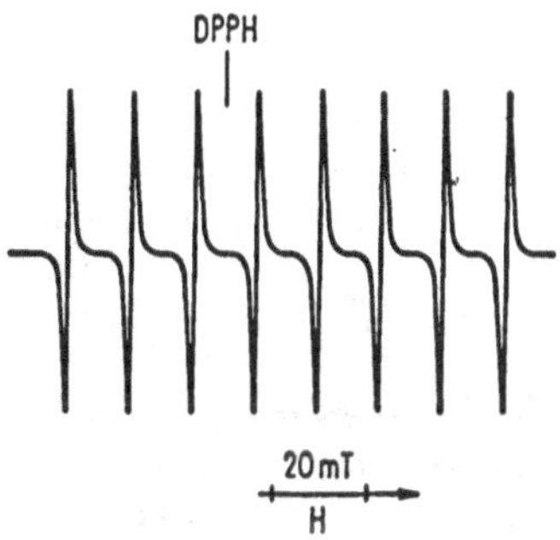


Abb. 34. ESR-Einkristallspektrum von V/TiMes$_4$ ($H \parallel z$, $T = 295$ K)

Tabelle 4
ESR-Parameter für V/TiMes$_4$. *hfs*-Kopplungskonstanten in $10^{-4}$ cm$^{-1}$.

| | $\tilde{g}$ | | $\tilde{A}^V$ |
|---|---|---|---|
| $g_{xx}$ | 1,984 ± 0,002 | $A_{xx}$ | 26,9 ± 1,0 |
| $g_{yy}$ | 1,994 ± 0,002 | $A_{yy}$ | 39,5 ± 1,0 |
| $g_{zz}$ | 1,925 ± 0,001 | $A_{zz}$ | 123,6 ± 0,5 |
| $g_{iso}$ | 1,968 | $A_{iso}$ | 63,3 |

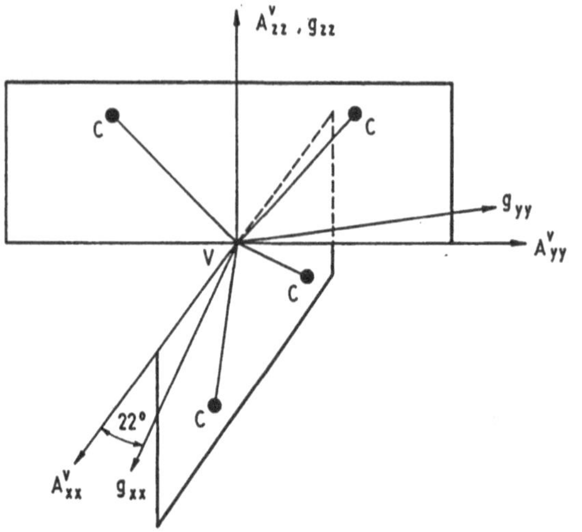


Abb. 35. Lage der Hauptachsen von $\tilde{g}$ und $\tilde{A}^V$ im V/TiMes$_4$

chende Winkel beträgt $\alpha = (22 \pm 5)°$. Nach den obigen Betrachtungen (Gl. (114)) sowie dem im Abschn. 3.2.3. vorgestellten Symmetrieverhalten des $\tilde{A}$-Tensors liegt eine niedrige Koordinationssymmetrie vor: ein entlang der $z$-Achse gestrecktes Tetraeder, dem eine niedriger-symmetrische Kristallfeld-Störkomponente überlagert ist.

Vernachlässigt man den Winkel zwischen $g_{xx}$ und $A^V_{xx}$, dann erhält man die effektive Symmetrie $D_{2d}$. Hierfür werden für die $g$-Tensorkomponenten die Beziehungen (110) und (114) erhalten; für die $A^V$-Tensorkomponenten erhält man, ausgehend von der Gl. (103), die Ausdrücke:

$$
\begin{aligned}
A^V_{xx} &= -K + P\left[\frac{2}{7} + \frac{3}{14}(g_e - g_{yy}) - (g_e - g_{xx})\right],\\
A^V_{yy} &= -K + P\left[\frac{2}{7} + \frac{3}{14}(g_e - g_{xx}) - (g_e - g_{yy})\right], \qquad (115)\\
A^V_{zz} &= -K + P\left[-\frac{4}{7} - \frac{3}{14}(g_e - g_{yy}) - \frac{3}{14}(g_e - g_{xx}) - (g_e - g_{zz})\right].
\end{aligned}
$$

$K = (\varkappa P)$ ist der durch Spin-Polarisation verursachte isotrope Teil der $^{51}$V-*hfs*. Für $d^1$-Systeme kann $K$ über die Beziehung (116) aus der isotropen *hfs*-Kopplungskonstante $a_0$, die aus dem Spektrum einer flüssigen Lösung des Komplexes zugänglich ist, erhalten werden:

$$a_0 = -K + (g_0 - g_e) P. \tag{116}$$

Über die Gln. (110), (114) und (115) werden, ausgehend von den experimentellen $g_{ii}$- und $A_{ii}^{V}$-Werten, folgende Größen für die Parameter $\Delta E_{xy}$, $\Delta E_{xz}$, $\Delta E_{yz}$, $\lambda$, $P$ und $K$ erhalten:

$\Delta E_{xy} = 12990\ \text{cm}^{-1}$, $\Delta E_{yz} = 13890\ \text{cm}^{-1}$, $\Delta E_{xz} = 31250\ \text{cm}^{-1}$, $\lambda = 125\ \text{cm}^{-1}$, $P = 92 \cdot 10^{-4}\ \text{cm}^{-1}$ und $K = -60{,}3 \cdot 10^{-4}\ \text{cm}^{-1}$.

Im Elektronenspektrum von $VMes_4$ in Benzen wird bei 13370 $\text{cm}^{-1}$ eine *dd*-Bande beobachtet, die entsprechend den ESR-Ergebnissen den Übergängen $\Delta E_{xy}$ und $\Delta E_{yz}$ zuzuordnen ist. Durch Vergleich des für $P$ erhaltenen Wertes mit den für verschiedene Elektronenkonfigurationen des Vanadiums berechneten $P$-Werten [23] kann die effektive Kernladung am Vanadium abgeschätzt werden. Sie ergibt sich zu nahezu +1.

Die für $V^{4+}(3d^1)$ berechnete *LS*-Kopplungskonstante beträgt $\lambda = 255\ \text{cm}^{-1}$ (Tab. 3). Der experimentell erhaltene Wert ist demgegenüber um etwa 50% reduziert und kann auf Abschirmeffekte und Elektronenspindelokalisation über die Mesityl-Liganden zurückgeführt werden.

Diese Betrachtungen zeigen, daß $VMes_4$ befriedigend mit dem Kristallfeldmodell beschrieben werden kann. Will man das Nichtzusammenfallen der $g$- und $A^V$-Tensorhauptachsen in der $x, y$-Ebene erklären, so muß eine niedrigere Symmetrie als $D_{2d}$ vorgegeben werden. In diesem Fall enthalten jedoch die Ausdrücke für $g_{ii}$ und $A_{ii}^{V}$ mehr Unbekannte als experimentell verfügbare Größen. Einen Ausweg hierzu bieten semiempirische Rechenverfahren (s. Abschn. 6.3.1.3.).

Als weiteres Beispiel sei $Ti(acac)_3$, untersucht in Einkristallen von $Al(acac)_3$, betrachtet (*acac* = Acetylacetonat). In diesem System befindet sich das $Ti^{3+}$ in einem oktaedrischen Kristallfeld, dem eine trigonale Störkomponente ($D_3$-Symmetrie) überlagert ist.

Experimentell wird ein axial-symmetrischer $g$-Tensor beobachtet: $g_\parallel = 2{,}000$, $g_\perp = 1{,}921$ [24]. Über Gl. (101) erhält man:

$$g_\parallel = g_e, \tag{117}$$

$$g_\perp = g_e - 2\lambda/\Delta_1 - 4\lambda/\Delta_2. \tag{118}$$

$\Delta_1 = E(E') - E(A_1)$, $\Delta_2 = E(E'') - E(A_1)$, siehe Abb. 30.

Mit $\lambda(Ti^{3+}) \approx 150\,cm^{-1}$ und $\Delta_2 = 20000\,cm^{-1}$ ergibt sich für $\Delta_1$, das die Größe der trigonalen Störung charakterisiert, ein Wert von $\approx 7500\,cm^{-1}$.

In Tab. 5 sind die aus der Kristallfeldtheorie folgenden Ausdrücke für die $g$-Tensorhauptwerte von $Cu^{2+}$-Komplexen mit unterschiedlichen Symmetrien angegeben. Sie veranschaulichen die Abhängigkeit der $g$-Tensorhauptwerte von der Symmetrie.

Tabelle 5
Ausdrücke für die $g$-Tensorkomponenten von $Cu^{2+}$-Komplexen mit verschiedenen Symmetrien im Rahmen der Kristallfeldtheorie[1])[2]).

| Grundzustand | Punktgruppe | $-(g_{zz}-2)$ | $-(g_{xx}-2)$ | $-(g_{yy}-2)$ |
|---|---|---|---|---|
| $d_{x^2-y^2}$ | $D_{4h}, D_4, C_{4v}$ | $8\lambda/E_{bc}$ | $2\lambda/E_{b(d,e)}$ | $2\lambda/E_{b(d,e)}$ |
| | $D_{2h}, C_{2v}, D_{2d}$ | $8\lambda/E_{bc}$ | $2\lambda/E_{be}$ | $2\lambda/E_{bd}$ |
| $d_{xy}$ | $D_{2h}, C_{2v}, D_{2d}$ | $8\lambda/E_{cb}$ | $2\lambda/E_{cd}$ | $2\lambda/E_{ce}$ |
| $d_{z^2}$ | $D_3, C_3, C_{3v}$ | 0 | $6\lambda/E_{a(d,e)}$ | $6\lambda/E_{a(d,e)}$ |

[1]) Die Indizes am Energiesymbol bedeuten: $a = d_{z^2}$, $b = d_{x^2-y^2}$, $c = d_{xy}$, $d = d_{xz}$, $e = d_{yz}$. In den Punktgruppen $D_{2h}$ und $C_{2v}$ sind Mischungen zwischen $d_{x^2-y^2}$ und $d_{z^2}$ möglich. Sie sind in der Tabelle nicht berücksichtigt.

[2]) Ausdrücke für $O_h$- oder $T_d$-Symmetrie wurden nicht aufgenommen, da infolge des JAHN-TELLER-Theorems für $Cu^{2+}$ in der Regel niedrigersymmetrische Punktgruppen resultieren.

Gut mit der Kristallfeldtheorie beschreibbar sind Ionen mit der Konfiguration $3d^5$ ($S = 5/2$, $^6S$-Zustände). Im $O_h$-Kristallfeld liegt für diese Ionen, z. B. $Mn^{2+}$, $Fe^{3+}$, ein Bahnsingulett-Zustand — $^6A_1$ — vor. Der Einfluß der $LS$-Wechselwirkung und damit die Nullfeldaufspaltung sollte sehr klein sein; die $g$-Werte liegen bei $g_e$ und sind nahezu isotrop. Der Operator des oktaedrischen Kristallfeldes vermag jedoch Zustände mit $M_s$-Werten einzumischen, die sich um $\pm 4$ unterscheiden. Dabei wird das Spinsextett in ein Spinquartett und ein Spindublett aufgespalten, wobei der Abstand „3a" beträgt. Das Spektrum ist dann mit dem Operator (119) beschreibbar ($hfs$-Wechselwirkung nicht berücksichtigt):

$$\hat{H}_{sp} = \beta_e \vec{H} \cdot \bar{g} \cdot \hat{\vec{S}} + \frac{a}{6} [\hat{S}_z^4 + \hat{S}_y^4 + \hat{S}_x^4 - 707/16]. \qquad (119)$$

In Kristallfeldern niedrigerer Symmetrie müssen zu (119) die Glieder $D\left(\hat{S}_z^2 - \frac{1}{3}S(S+1)\right) + E(\hat{S}_x^2 - \hat{S}_y^2)$ hinzugefügt werden. Die Aufspaltung des $^6S$-Zustandes im tetragonalen Feld ($E = 0$) ist in Abb. 36 dargestellt. Es entstehen drei Spindublett-Zustände.

Sehr oft ist $g\beta_e H \gg D(E)$. Die Winkelabhängigkeit der Resonanzübergänge ist mit Gl. (74) beschreibbar; es sind jedoch zusätzliche Glieder mit dem Spin in der 4. Potenz zu berücksichtigen [25]. Der Einfluß der Symmetrie auf die Spektrenparameter wurde umfangreich untersucht [26]; $Mn^{2+}$ erweist sich als gute Sonde bezüglich Symmetrieaussagen in verschiedenen Wirtsgittern.

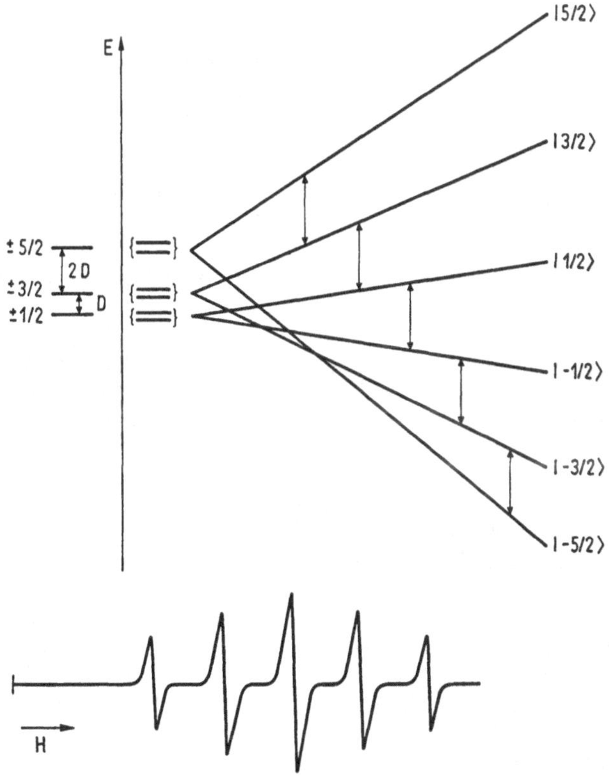


Abb. 36. Spinzustände, Nullfeldaufspaltung und ESR-Spektrum eines $^6$S-Ions im tetragonalen Kristallfeld (ohne *hfs*)

Im Komplexen mit starken, tetragonalen Störkomponenten kann der Parameter $D$ beträchtlich größer als $g\beta_e H$ werden. Dann ist nur der Resonanzübergang $|+1/2\rangle \leftrightarrow |-1/2\rangle$ beobachtbar und das Spektrum ist mit dem Spin-HAMILTON-Operator (77) erklärbar, wobei der effektive $g$-Tensor sehr anisotrop ist: $g_\parallel \approx 2$, $g_\perp \approx 6$. Dies trifft z. B. für Eisenhämoglobine zu [27].

Die ESR-Spektren von $Mn^{2+}$-Ionen zeigen infolge des Kernspins von $^{55}Mn$ ($I = 5/2$) eine ausgeprägte *hfs*: jeder Feinstrukturübergang ist in 6 *hfs*-Linien aufgespalten. Da das Liniensextett, das zum Übergang $|+1/2\rangle \leftrightarrow |-1/2\rangle$ gehört, bei $g\beta_e H \gg D(E)$ nur eine geringe Winkelabhängigkeit aufweist, kann es leicht in Pulverproben bzw. in flüssigen Lösungen gefunden werden.

#### 6.3.1.2. *Grenzen des Kristallfeld-Modells — Liganden-Hyperfeinstruktur*

Bei der Kristallfeldbetrachtungsweise bleibt die reale Struktur der Liganden unberücksichtigt; die magnetischen Wechselwirkungen sind auf das Metallion beschränkt. In vielen Verbindungen liegen jedoch zum Teil beträchtliche Abweichungen von einer „ionischen Bindung“ vor, die Metall-Ligand-Bindungen besitzen mehr oder weniger kovalenten Charakter. Unmittelbar signalisiert wird dies durch das Auftreten von „Liganden-Hyperfeinstruktur-Wechselwirkungen“ im ESR-Spektrum, d. h., von Wechselwirkungen des ungepaarten Elektrons mit den Kernspins benachbarter Atome. Diese Erscheinung kann mit der Kristallfeldtheorie nicht erklärt werden. Ebenso werden in solchen Systemen oft beträchtliche Abweichungen zwischen den mit der Kristallfeldtheorie berechneten und den experimentell gefundenen Hauptwerten der Tensoren $\tilde{g}$, $\tilde{A}$ und $\tilde{D}$ festgestellt. Die oben angestellten Symmetriebetrachtungen für die Tensorparameter sind nur im Kristallfeldmodell streng gültig. Werden solche Abweichungen beobachtet, dann ist bei der Interpretation der Spektrenparameter ein Molekülorbital-Modell anzuwenden. Die Kristallfeldtheorie ist damit jedoch nicht überfällig. Sie zeichnet sich durch ihre Einfachheit aus und muß als alternatives Konzept für ionische Komplexe gesehen werden.

Ausgeprägte Liganden-*hfs*-Wechselwirkung wird zum Beispiel in den Einkristallspektren von Bis(N,N'-diisobutyl-N-benzoylselenoureato)Cu(II), $Cu(i\text{-}bu_2bsu)_2$, nachgewiesen [28]. Infolge der Wechselwirkung des ungepaarten Elektrons mit dem Kernspin $I = 1/2$ des Se-Isotops $^{77}$Se ist jede Cu-*hfs*-Linie durch zwei Paare von $^{77}$Se-*hfs*-Satelliten flankiert (s. Abb. 37).

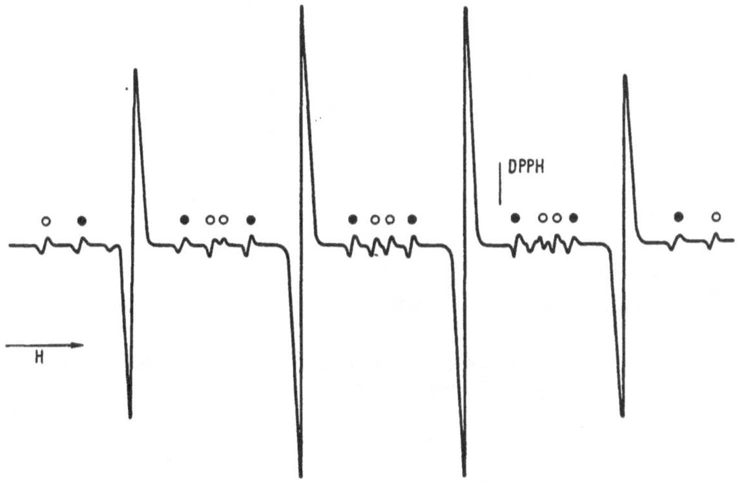


Abb. 37. ESR-Einkristallspektrum von $^{63}$Cu/Ni(i-bu$_2$bsu)$_2$ bei $T = 295$ K. • und ○ kennzeichnen die von beiden $^{77}$Se-Atomen herrührenden $^{77}$Se-*hfs*-Satelliten.

Tabelle 6
$^{77}$Se-*hfs*-Tensorhauptwerte für Cu/Ni(i-bu$_2$bsu)$_2$, in $10^{-4}$ cm$^{-1}$.

| | $Se_3$ | $Se_4$ |
|---|---|---|
| $A_{zz}$ | 125,4 ± 0,3 | 124,1 ± 0,3 |
| $A_{xx}$ | 33,1 ± 1,0 | 33,1 ± 1,0 |
| $A_{yy}$ | 31,4 ± 1,0 | 31,4 ± 1,0 |

Die Hauptwerte der $^{77}$Se-*hfs*-Tensoren beider Se-Atome sind in Tab. 6 enthalten, die Lage der $^{77}$Se-Tensorhauptachsen im Molekül zeigt Abb. 38.

Die Werte für $A_{zz}$ und $A_{iso}$ beider Se-Atome unterscheiden sich geringfügig. Demnach sind beide Se-Atome strukturell nicht völlig äquivalent. Negiert man den geringen Unterschied, dann ist die effektive Symmetrie der $CuSe_2O_2$-Koordinationssphäre $C_{2v}$.

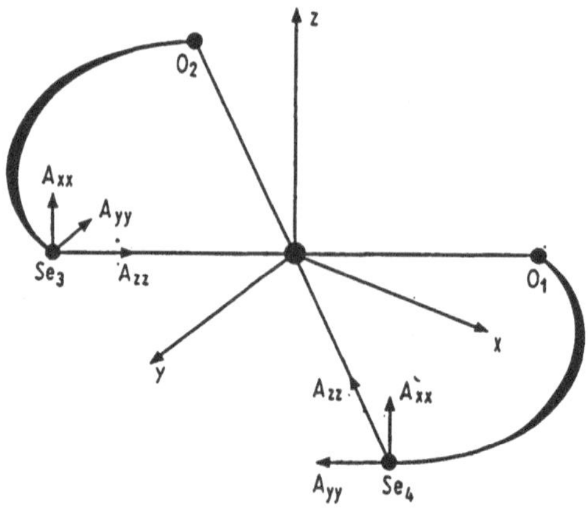


Abb. 38. Lage der $^{77}$Se-Tensorhauptachsen im $Cu(i\text{-}bu_2bsu)_2$

Im Grundzustand befindet sich das ungepaarte Elektron im nachstehenden Molekülorbital (*MO*):

$$\psi(A_2) = \alpha\,|d_{xy}\rangle - \frac{\alpha_0}{\sqrt{2}}\,(-\sigma^1 + \sigma^2) - \frac{\alpha_{Se}}{\sqrt{2}}\,(\sigma^3 - \sigma^4). \quad (120)$$

$\alpha$, $\alpha_0$, $\alpha_{Se}$ sind die ein Maß der Delokalisation der ungepaarten Spindichte darstellenden MO-Koeffizienten. Die $\sigma^i$ sind die durch Hybridisierung der *s*- und *p*-Orbitale der Donoratome entstehenden Hybridorbitale:

$$\sigma^i = n(p^i) \pm (1 - n^2)^{1/2}\,(s^i), \quad (121)$$

$n$ ist der $s/p$-Hybridisierungsgrad.

Die experimentell bestimmten Hauptwerte der Liganden-*hfs*-Tensoren sind wie folgt mit der Spindichte in den *s*-Orbitalen „$C_s^2$" und *p*-Orbitalen „$C_p^2$" der Donoratome korreliert:

$$A_{\text{iso}} = \frac{8\pi}{3}\, g_e g_N \beta_e \beta_N\, |\psi_s(0)|^2 \cdot C_s^2 = A_{\text{iso}}^{\text{ber}} \cdot C_s^2, \quad (122)$$

$$A_{zz}^d = A_{zz} - A_{\text{iso}} = \frac{4}{5}\, g_e g_N \beta_e \beta_N \langle r^{-3}\rangle_p \cdot C_p^2 = A_{zz}^{d,\text{ber}} \cdot C_p^2. \quad (123)$$

In Tab. 1 (s. S. 19) sind die zur Berechnung von $C_s^2$ und $C_p^2$ erforderlichen $A_{\text{iso}}^{\text{ber}}$- und $A_{zz}^{d,\text{ber}}$-Werte für eine Auswahl von Atomen zusammengestellt.

Aus $C_s^2$ und $C_p^2$ ist der MO-Koeffizient $\alpha_{Se}$ und der Hybridisierungsgrad direkt zugänglich:

$$C_s^2 = \left(\frac{\alpha_{Se}}{\sqrt{2}}\right)^2 (1 - n^2), \quad C_p^2 = \left(\frac{\alpha_{Se}}{\sqrt{2}}\right)^2 n^2. \tag{124}$$

Für $Cu(i\text{-}bu_2bsu)_2$ wird $\alpha^2_{Se} = 0{,}40$ und $n^2_{Se} = 0{,}93$ erhalten. Die Se-4*s*-4*p*-Orbitale sind nur wenig hybridisiert; das Se verwendet für die Cu—Se-Bindung nahezu reine 4*p*-Funktionen.

Den MO-Koeffizienten $\alpha^2$ („Aufenthaltswahrscheinlichkeit" des ungepaarten Elektrons am Metallion) erhält man aus der Cu-*hfs* über die für planare Systeme eine gute Näherung darstellenden Gln. (125) ($\Delta g_{ii} = g_{ii} - g_e$) zu $\alpha^2 = 0{,}59$.

$$\begin{aligned} A_{xx} &= P\left(-\varkappa\alpha^2 + \frac{2}{7}\,\alpha^2 + \Delta g_{xx} - \frac{3}{14}\,\Delta g_{yy}\right) \\ A_{yy} &= P\left(-\varkappa\alpha^2 + \frac{2}{7}\,\alpha^2 + \Delta g_{yy} - \frac{3}{14}\,\Delta g_{xx}\right) \qquad (125) \\ A_{zz} &= P\left(-\varkappa\alpha^2 - \frac{4}{7}\,\alpha^2 + \Delta g_{zz} + \frac{3}{14}\,\Delta g_{xx} + \frac{3}{14}\,\Delta g_{yy}\right). \end{aligned}$$

Ein Vergleich der Gln. (125) und (115) zeigt die infolge der Kovalenz auftretenden Veränderungen.

Die komplette Verteilung der ungepaarten Spindichte ist schließlich über die Normierungsbedingung des MO's (120) zugänglich:

$$\alpha^2 + \alpha^2_{Se} + \alpha_0^2 - 2\alpha\alpha_{Se}S_{Cu-Se} - 2\alpha\alpha_0 S_{Cu-O} = 1. \tag{126}$$

$S_{Cu-Se}$ und $S_{Cu-O}$ sind Überlappungsintegrale. Mit $S_{Cu-Se} = 0{,}08$ und $S_{Cu-O} = 0{,}1$ sowie den Werten für $\alpha^2$ und $\alpha^2_{Se}$ wird $\alpha_0^2$ zur $\alpha_0^2 = 0{,}21$ erhalten. Demnach ist im $Cu(i\text{-}bu_2bsu)_2$ an den Se-Atomen etwa doppelt soviel ungepaarte Spindichte wie an den O-Atomen. Die Cu—Se-Bindung ist bedeutend kovalenter als die Cu—O-Bindung. Für einen rein ionischen Komplex wäre $\alpha^2 = 1$ und $\alpha^2_{Donoratom} = 0$.

#### *6.3.1.3. Das Molekülorbital(MO)-Modell*

In diesem Abschnitt werden Aspekte der Interpretation der ESR-Parameter mit der EHT-MO-Methode [29] (*EHT* = Extended-Hückel-Theory) dargestellt, die sich trotz ihrer Einfachheit und vieler Näherungen bei der Beschreibung von Übergangsmetallkomplexen gegenüber komplizierteren Verfahren gut bewährt hat. Zur Berechnung der Konstanten des Spin-HAMILTON-Operators hat sich vor allem die EHT-Methode in der SCCC-Version als vorteilhaft erwiesen (*SCCC* = self consistent charge and configuration).

Die Molekülorbitale $\Phi_i$ wird durch Linearkombination von Atomorbitalen (*AO*'s) $\varphi_\mu$ wie folgt erhalten:

$$\Phi_i = \sum_\mu c_{\mu i} \varphi_\mu ; \tag{127}$$

$c_{\mu i}$ sind die sogenannten „MO-Koeffizienten". Die MO-Funktionen sollen einen orthonormierten Satz bilden, d. h. es muß gelten:

$$\sum_{\mu,\nu} c_{\mu i} c_{\nu j} S_{\mu\nu} = \delta_{ij}, \tag{128}$$

wobei $\delta_{ij} = 0$ für $i \neq j$ und $= 1$ für $i = j$ ist. $S_{\mu\nu}$ ist das Überlappungsintegral der AO's $\varphi_\mu$ und $\varphi_\nu$:

$$S_{\mu\nu} = \langle \varphi_\mu \mid \varphi_\nu \rangle . \tag{129}$$

Durch Lösung der Säkulargleichungen (130)

$$\sum_\nu (H_{\mu\nu} - \varepsilon_i S_{\mu\nu})\, c_{\nu i} = 0 \tag{130}$$

werden die Orbitalenergien $\varepsilon_i$ und die MO-Koeffizienten $c_{\nu i}$ erhalten. Dabei wird folgende Parametrisierung verwendet:

a) Diagonalelemente $H_{\mu\mu}$ der $H_{\mu\nu}$-Matrix werden negativen Valenz-Orbital-Ionisierungspotentialen (VOIP's) gleichgesetzt,

b) Nichtdiagonalelemente $H_{\mu\nu}$ werden nach WOLFSBERG und HELMHOLZ [30] auf Diagonalelemente zurückgeführt, wobei die Ladung und die Konfiguration der Atome berücksichtigt wird. In der SCCC-Version wird die durch die Wechselwirkung der Ligandenatome mit dem Zentralatom bedingte Verringerung der Ladungsabhängigkeit der VOIP's des Zentralatoms durch eine reduzierte MULLIKEN-Ladung $q^x = kq$ mit $0 \leq k \leq 1$ berücksichtigt [31]. Die Überlappungsintegrale $S_{\mu\nu}$ werden bei vorgegebener Geometrie des Komplexes auf der Grundlage von SCF-Atomfunktionen berechnet.

Zur Berechnung der Tensorparameter des Spin-HAMILTON-Operators sind neben der Grundzustandswellenfunktion die Energien der angeregten Zustände erforderlich. Für Systeme mit $S = 1/2$ sind die in Abb. 39 gezeigten angeregten Zustände zu betrachten.

Infolge der MO-Betrachtungsweise werden die Ausdrücke (101) und (103) der Tensorparameter $\tilde{g}$ und $\tilde{A}$ komplizierter [32]. Die

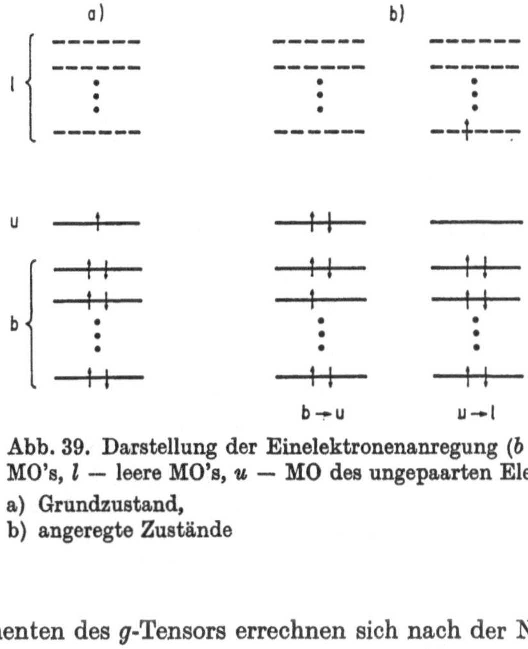


Abb. 39. Darstellung der Einelektronenanregung (*b* — besetzte MO's, *l* — leere MO's, *u* — MO des ungepaarten Elektrons)
a) Grundzustand,
b) angeregte Zustände

Komponenten des $g$-Tensors errechnen sich nach der Näherungsformel:

$$g_{\alpha\beta} = g_e \delta_{\alpha\beta} + g_e \sum_{m \neq 0} \sum_{k,k'} \xi^k c_0{}^k c_0{}^{k'} c_m{}^k c_m{}^{k'} \frac{\langle \varphi_0{}^k | \hat{l}_\alpha{}^k | \varphi_m{}^k \rangle \langle \varphi_m{}^{k'} | \hat{l}_\beta{}^{k'} | \varphi_0{}^{k'} \rangle}{\varepsilon_0 - \varepsilon_m}. \tag{131}$$

Der Index 0 bezeichnet den Grundzustand. Die Summierung über $m$ durchläuft alle angeregten Zustände, die über $k$ und $k'$ läuft über alle Atome. $\varphi_m{}^k$ ist ein AO des Atoms $k$ im $m$-ten MO $\Phi_m$; $\hat{l}_\alpha{}^k$ bezeichnet die $\alpha$-Komponente des Bahndrehimpulses bezüglich des Atoms $k$, $\xi^k$ die $LS$-Kopplungskonstante des Atoms $k$ ($\alpha$, $\beta$ $= x, y, z$).

Die *hfs* von Nicht-*s*-Elektronen am Kern $K$ berechnet sich nach:

$$A_{\alpha\beta}^{K} = P' \left[ \left\langle \Phi_0 \left| \frac{F_{\alpha\beta}^{K}}{r_K{}^3} \right| \Phi_0 \right\rangle + \sum_{m \neq 0} \sum_{k} \left\{ 2\xi^k \langle \Phi_0 | \hat{l}_\alpha{}^k | \Phi_m \rangle \left\langle \Phi_m \left| \frac{\hat{l}_\beta{}^K}{r_K{}^3} \right| \Phi_0 \right\rangle (\varepsilon_0 - \varepsilon_m)^{-1} + \sum_{\gamma,\delta} i\varepsilon^{\gamma\delta\alpha} \xi^k \langle \Phi_0 | \hat{l}_\gamma{}^k | \Phi_m \rangle \left\langle \Phi_m \left| \frac{F_{\alpha\beta}^{K}}{r_K{}^3} \right| \Phi_0 \right\rangle (\varepsilon_0 - \varepsilon_m)^{-1} \right\} \right]; \tag{132}$$

$P' = g_e\beta_e g_N\beta_N$. $F_{\alpha\beta}^{K}/r_K{}^3$ sind die Komponenten des symmetrischen Tensoroperators der Dipol-Dipol-Wechselwirkung zwischen den Elektronen- und Kernspin [31]; $\varepsilon^{\gamma\delta\alpha}$ ist ein antisymmetrischer Einheitstensor (Gl. (105)).

Die isotrope *hfs* wird durch die *s*-Elektronendichte $|\Phi_0(0)|^2$ am Kern $K$ bestimmt und nach Gl. (133) berechnet:

$$A_{\text{iso}}^{K} = (8\pi/3)\, P'\, |\Phi_0(0)|^2. \tag{133}$$

In den Übergangsmetallkomplexen ist der isotrope Anteil der *hfs* am Kern des Zentralatoms vor allem auf die Spinpolarisation von Rumpfelektronen zurückzuführen. Es ist daher nicht zu erwarten, mit der EHT-Methode, die nur Valenzelektronen erfaßt, die isotrope *hfs*-Aufspaltung angemessen zu erklären.

Das EHT-Verfahren liefert auf der Basis der Symmetrie des Komplexes die MO's sowie deren Energien. Mit diesen werden über Gl. (131)—Gl. (133) die Tensorparameter $\tilde{g}$ und $\tilde{A}$ berechnet. Bei guter Übereinstimmung zwischen den experimentellen und berechneten Größen können quantitative Aussagen über die Zusammensetzung der MO's sowie über das Energieniveauschema der untersuchten Komplexverbindung getroffen werden.

Als Beispiel sei der planare, sehr kovalente Metall-Ligand-Bindungen enthaltende Komplex Bis(tetra-n-butylammonium)[bis-(maleonitril-dithiolato)kupfer(II)], $(n\text{-}Bu_4N)_2[Cu(mnt)_2]$, betrachtet. Abbildung 40 zeigt ein Einkristall-ESR-Spektrum von $(n\text{-}Bu_4N)_2[Cu(mnt)_2]$, eingebaut in $(n\text{-}Bu_4N)_2[Ni(mnt)_2]$. Neben dem intensiven $^{63}Cu$-*hfs*-Quartett, $^{1}H$-spin-flip- und verbotenen $^{63}Cu$-*hfs*-Linien sind schwache Linien zu erkennen, die durch die Wechselwirkung des ungepaarten Elektrons mit dem nur zu 0,74% natürlicher Häufigkeit vorkommenden Schwefelisotop $^{33}S$ verursacht werden [33].

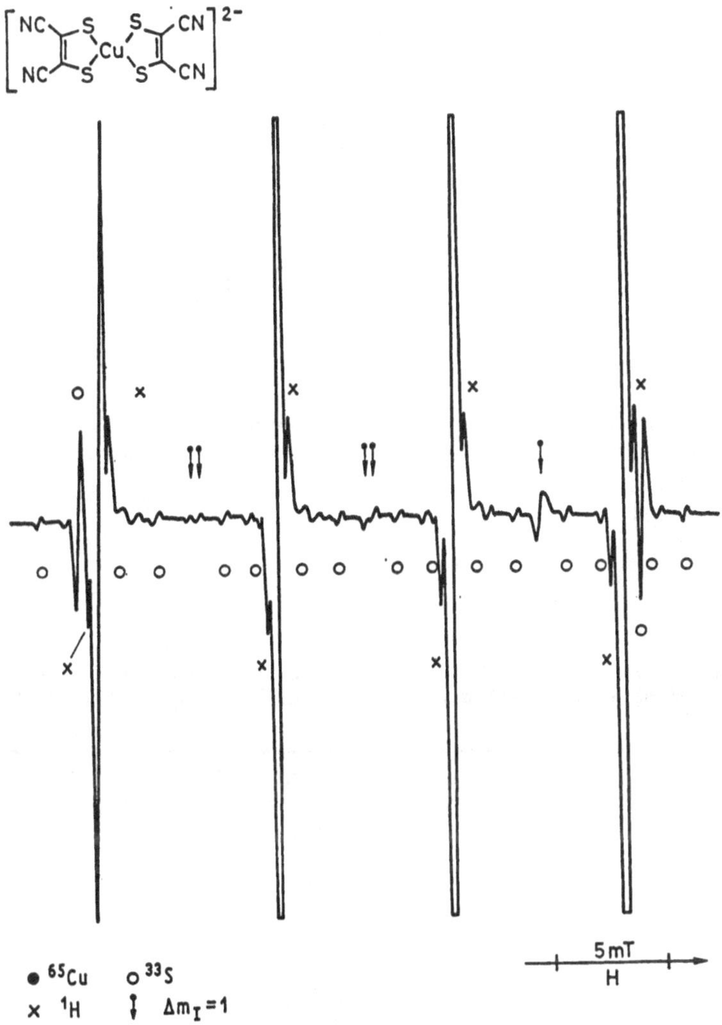


Abb. 40. X-Band-ESR-Spektrum von $(n\text{-}Bu_4N)_2$ $[^{63}Cu/Ni(mnt)_2]$ bei $T = 295$ K (Anreicherung von $^{63}Cu$: 97,8%)

Tabelle 7
Ausschnitt aus dem MO-Schema für $[Cu(mnt)_2]^{2-}$, $D_{2h}$-Symmetrie angenommen.

| MO-Nr. | $\varepsilon_i$ ($cm^{-1} \cdot 10^3$) | irreduz. Darstellung | Elektronenzahl | MO-Koeffizienten Cu | MO-Koeffizienten S[1]) |
|---|---|---|---|---|---|
| 1 | 0 | $b_{1g}$ | 1 | $-0{,}72d_{xy}$ | $+0{,}38p_z'$ |
| 2 | −25,3 | $b_{3g}$ | 2 | $+0{,}33d_{yz}$ | |
| 3 | −26,2 | $b_{2g}$ | 2 | $+0{,}50d_{xz}$ | $-0{,}40p_x'$ |
| 4 | −36,6 | $a_g$ | 2 | $-0{,}77d_{x^2-y^2}+0{,}43d_{z^2}$ | |
| 5 | −38,5 | $b_{3g}$ | 2 | $+0{,}89d_{yz}$ | |
| 6 | −39,4 | $a_g$ | 2 | $-0{,}51d_{x^2-y^2}-0{,}84d_{z^2}$ | |
| 7 | −42,5 | $b_{2g}$ | 2 | $+0{,}86d_{xz}$ | |

[1]) Das Koordinatensystem für die S-Atome wurde so gewählt, daß $z'$ parallel zur Cu—S-Bindung und $x'$ senkrecht zur Koordinationsebene liegt.

Tabelle 8
Experimentell erhaltene und mit der EHT-MO-Methode berechnete Hauptwerte von $\tilde{g}$, $\tilde{A}^{Cu}$ und $\tilde{A}^{S}$ für $[Cu(mnt)_2]^{2-}$. Kopplungskonstanten in $10^{-4}$ $cm^{-1}$.

| | | experimentell | berechnet |
|---|---|---|---|
| $\tilde{g}$ | $g_{zz}$ | 2,086 | 2,092 |
| | $g_{yy}$ | 2,026 | 2,030 |
| | $g_{xx}$ | 2,023 | 2,031 |
| $\tilde{A}$($^{63}$Cu) | $(A_{zz} - A_{iso})$ | −81,7 | −78,0 |
| | $(A_{yy} - A_{iso})$ | +40,4 | +38,9 |
| | $(A_{xx} - A_{iso})$ | +41,4 | +39,0 |
| | $A_{iso}$ | −79,4 | − |
| $\tilde{A}$($^{33}$S) | $(A_{zz} - A_{iso})$[1]) | +8,8 | +7,7 |
| | $(A_{yy} - A_{iso})$ | −5,2 | −3,6 |
| | $(A_{xx} - A_{iso})$ | −3,6 | −4,0 |
| | $A_{iso}$ | +13,0 | +14,8 |

[1]) gemittelte Werte aus $A_{ii}(S_1)$ und $A_{ii}(S_2)$.

Tabelle 7 enthält einen Ausschnitt aus dem kompletten MO-Schema von $[Cu(mnt)_2]^{2-}$ mit den für die Berechnung von $\tilde{g}$, $\tilde{A}^{Cu}$ und $\tilde{A}^{S}$ wichtigsten MO's und deren Energien. Der Übersichtlichkeit halber sind nur die MO-Koeffizienten $c_i > 0{,}3$ für Cu und S angegeben. In Tab. 8 sind die experimentellen und berechneten Tensorhauptwerte gegenüber gestellt. Die Übereinstimmung ist gut, sowohl die Größe der Werte als auch das Symmetrieverhalten.

Aus den Koeffizienten des MO's des ungepaarten Elektrons kann das Ausmaß der Delokalisation der ungepaarten Spindichte abgeschätzt werden. Das Quadrat dieser Koeffizienten ist ein Maß für die Aufenthaltswahrscheinlichkeit ungepaarter Spindichte im entsprechenden AO des jeweiligen Atoms. Aus dem Quadrat des Koeffizienten der $d_{xy}$-Funktion im MO 1 (Tab. 7) folgt, daß sich nur $\approx 52\%$ — $(0{,}72)^2 \approx 0{,}52$ — der Spindichte am Cu befindet. Die Cu—S-Bindung ist ausgeprägt kovalenter Natur.

Röntgenstrukturanalytisch wurden für das Wirtschelat $(n\text{-}Bu_4N)_2[Ni(mnt)_2]$ zwei geringfügig verschiedene M—S-Bindungslängen gefunden. Dies wird durch das Auffinden zweier, etwas sich unterscheidender $^{33}$S-*hfs*-Tensoren $\tilde{A}(S_1)$, $\tilde{A}(S_2)$ bestätigt. Dies beweist auch, daß das Cu-Chelat beim Einbau in das Ni-Chelat dessen Symmetrie annimmt.

Detaillierte Untersuchungen an kovalenten Übergangsmetallchelaten mittels ESR-Einkristalltechnik wurden an Cu(II)-Diselenocarbamaten [8, 32] und M(III)-Dithiolenchelaten ($M = Ni^{3+}$, $Pd^{3+}$, $Pt^{3+}$) [34] durchgeführt.

### 6.3.2. *Untersuchungen an polykristallinen Proben*

Einige Beispiele sollen verdeutlichen, daß aus den ESR-Spektren polykristalliner Proben — wenn auch mit Einschränkungen (s. Abschn. 3.3.2.) — umfangreiche Informationen über Struktur, Symmetrie und den Bindungscharakter abgeleitet werden können.

Beispiel 1: $(n\text{-}Bu_4N)_2[Cu/Ni(mnt)_2]$

Das ESR-Spektrum einer Pulverprobe von $(n\text{-}Bu_4N)_2[Cu/Ni(mnt)_2]$ entspricht vom Typ den im Abschn. 3.3.2.2. beschriebenen Spektren. Im $X$-Band werden folgende Parameter erhalten:

$g_\parallel = 2{,}084$, $g_\perp = 2{,}024$, $A_\parallel(^{63}Cu) = 159{,}4 \cdot 10^{-4}\ cm^{-1}$, $A_\perp(^{63}Cu) = 38 \cdot 10^{-4}\ cm^{-1}$.

Ein Vergleich mit den Einkristallparametern (Tab. 8) zeigt, daß, abgesehen von der aus den Einkristallspektren ableitbaren geringen rhombischen Verzerrung, die entsprechenden Werte gut übereinstimmen. Da die Linienbreite im Pulverspektrum größer als im Einkristallspektrum ist, kann die $^{33}$S-*hfs* nicht beobachtet werden.

Über die entsprechend der axialen Symmetrie von $\tilde{g}$ und $\tilde{A}$ modifizierten Beziehungen (125) — $A_{xx} = A_{yy} = A_{\perp}$, $A_{zz} = A_{\parallel}$, usw. — erhält man $\alpha^2 = 0{,}51$ und damit eine nahezu ideal kovalente Cu—S-Bindung. Diese Aussage stimmt sehr gut mit der aus den Einkristalldaten erhaltenen überein.

Beispiel 2: $Li_4V(C_6H_5)_6 \cdot 3{,}5$ Ether

Lithium-hexaphenylvanadat(II) enthält das Vanadium in der Oxydationsstufe „+2". Bei Vorliegen einer idealen Oktaedersymmetrie trifft für das $3d^3$-System $V^{2+}$ das in Abb. 32 gezeigte Ligandenfeldaufspaltungsschema zu. Das $O_h$-Kristallfeld vermag die Spinentartung des $^4A_{2g}$-Grundterms nicht aufzuheben. Daher sollte keine Feinstruktur beobachtet werden sowie $\tilde{g}$ und $\tilde{A}(^{51}V)$ isotrop sein. Dies wird durch das bei $T = 295$ K und 150 K in Benzen untersuchte Spektrum bestätigt [35]. Bei beiden Temperaturen ist das Spektrum identisch und besteht aus einem symmetrischen $^{51}$V-*hfs*-Linienoktett. Es wird durch folgende Parameter beschrieben:

$$g_{xx} = g_{yy} = g_{zz} = g_0 = 1{,}993 \pm 0{,}002 \quad \text{und} \quad A_{xx}^{V} = A_{yy}^{V} = A_{zz}^{V}$$
$$= (53{,}5 \pm 0{,}5) \cdot 10^{-4}\ \mathrm{cm}^{-1}\ (D_{xx} = D_{yy} = D_{zz} = 0).$$

Beispiel 3: Tris(O-ethyl-dithiocarbonato)Cr(III)

In diesem Cr(III)-Chelat ($3d^3$, $S = 3/2$) ist aufgrund der Anordnung der Liganden (Abb. 41) eine trigonal-verzerrte $O_h$-Symmetrie — $D_3$ — zu erwarten. Für $D_3$-Symmetrie (axial-symmetrisches Kristallfeld) wird $D \neq 0$ und $E = 0$ erwartet.

Abbildung 42 zeigt das Pulver-ESR-Spektrum von $Cr(S_2COC_2H_5)_3$, diamagnetisch verdünnt durch $Co(S_2COC_2H_5)_3$. Es ist axialsymmetrisch und mit den experimentellen Konstanten $g_{xx} \approx g_{yy} \approx g_{zz} \approx 1{,}995 \pm 0{,}005$ und $D = (0{,}184 \pm 0{,}003)\ \mathrm{cm}^{-1}$ beschreibbar [36]. Die Form des Pulverspektrums weicht, da $D$ und $h\nu_0$ in derselben Größenordnung liegen, beträchtlich von der in Abb. 22 gezeigten ab.

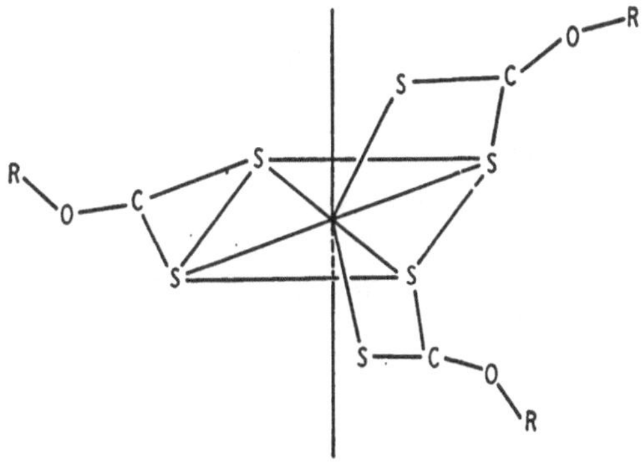


Abb. 41. Tris(O-ethyl-dithiocarbonato)Cr(III)

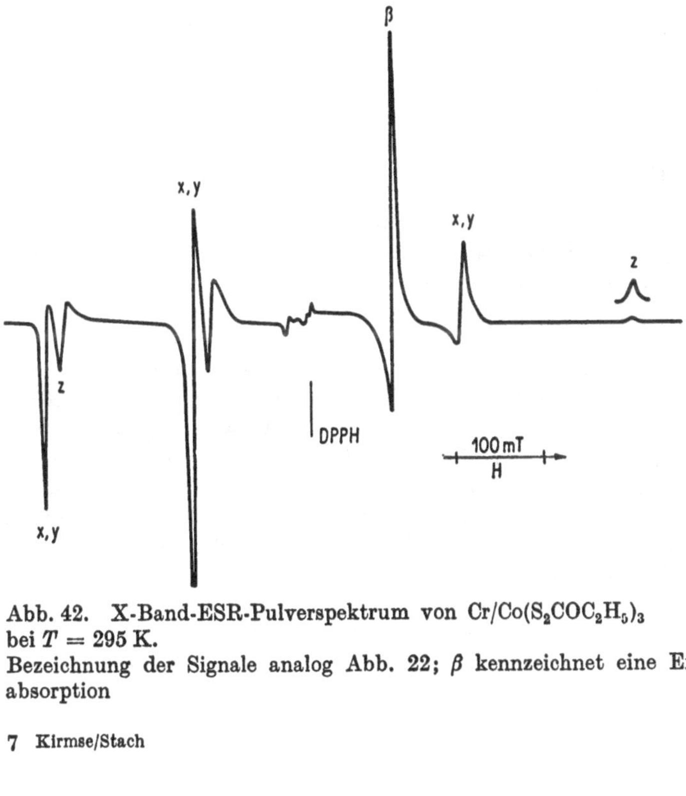


Abb. 42. X-Band-ESR-Pulverspektrum von $Cr/Co(S_2COC_2H_5)_3$ bei $T = 295$ K.
Bezeichnung der Signale analog Abb. 22; $\beta$ kennzeichnet eine Extraabsorption

### 6.3.3. Untersuchungen an flüssigen Lösungen

In flüssiger Lösung können, da die Meßtemperatur $T \gg 77$ K ist, gemäß Abschn. 4.1. nur Systeme untersucht werden, die einen gut separierten Bahnsingulett-Grundzustand besitzen. Schmale ESR-Linien werden in der Regel für folgende Systeme beobachtet:

$d^1(S = 1/2)$: $Ti^{3+}$, $V^{4+}$, $VO^{2+}$, $Nb^{4+}$, $NbO^{2+}$, $Cr^{5+}$, $CrO^{3+}$, $Mo^{5+}$, $MoO^{3+}$, $W^{5+}$, $Tc^{6+}$

$d^9(S = 1/2)$: $Cu^{2+}$, $Ag^{2+}$, $Au^{2+}$, $Co^0$, $Ni^+$

$d^3(O_h$-Symmetrie, $S = 3/2)$: $V^{2+}$, $Cr^{3+}$

$d^5$(high-spin, $S = 5/2$): $Mn^{2+}$

$d^5$(low-spin, $S = 1/2$): $V^0$, $Cr^+$, $Pt^{5+}$, $Pd^{5+}$

$d^7$(low-spin, $S = 1/2$): $Ni^{3+}$, $Pd^{3+}$, $Pt^{3+}$, $Fe^+$, $Co^{2+}$, $Rh^{2+}$.

Systeme mit $S > 1/2$ ($Cr^{3+}$, $V^{2+}$, $Ni^{2+}$, $Fe^{3+}$), deren Symmetrie niedriger als $O_h(T_d)$ ist, ergeben bei Vorliegen eines Bahnsingulett-zustandes und $D, E < h\nu_0$ eine breite ESR-Linie ($\Delta H_{pp} \approx 10$ mT bis 0,1 T).

Informationen über Struktur und Bindung müssen hauptsächlich den isotropen Parametern $g_0$ und $a_0$ entnommen werden.

Die Abweichungen des $g_0$-Wertes von $g_e$ kann für Systeme mit $S = 1/2$ durch die Beziehung (134) ausgedrückt werden:

$$g_0 - g_e = -\lambda[A - (\lambda_L/\lambda)\, B]. \tag{134}$$

$\lambda$ und $\lambda_L$ sind die $LS$-Kopplungskonstanten des Metallions und der Donoratome der Liganden; $A$ und $B$ sind Parameter, die von der Symmetrie und den Bindungsparametern abhängen. Ist die Symmetrie und der Bindungscharakter bei einer Reihe von Komplexverbindungen desselben Metallions näherungsweise gleich, so variieren $A$ und $B$ wenig und $(g_0 - g_e)$ ist nur vom Verhältnis $\lambda_L/\lambda$ abhängig. Da $\lambda_L$ mit zunehmender Schwere der Donoratome rasch größer wird, erfolgt beim Übergang von N- zu S- oder Se-Koordination eine starke Verschiebung des $g_0$-Wertes in Richtung $g_e$. Spin-Bahn-Kopplungskonstanten einer Auswahl von Hauptgruppenelementen enthält Tab. 9. So erhält man für planare $ML_2$-Chelate des $Ag^{2+}$ z. B. $[AgN_4]$: $g_0 = 2{,}054 \cdots 2{,}080$, $[AgS_4]$: $g_0 = 2{,}019$, $[AgSe_4]$: $g_0 = 2{,}006$ [37]. Somit kann aus der Größe von $g_0$ auf die Art der Donoratome geschlossen werden. Für andere Metallionen sind ähnliche Abhängigkeiten in der Literatur beschrieben [38, 39].

Neben $g_0$ liefern insbesondere aufgelöste *hfs*-Wechselwirkungen mit Ligandenkernen Struktur- und Bindungsinformationen. Als Beispiel sei das ESR-Spektrum von [Ag($\alpha,\alpha'$-dipyridyl)$_2$] $(NO_3)_2$

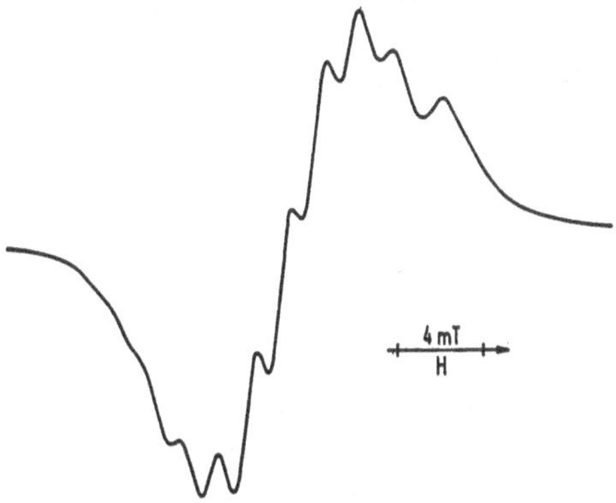


Abb. 43. X-Band-ESR-Spektrum von [Ag($\alpha,\alpha'$-dipy)$_2$]$(NO_3)_2$ in wäßrig-acetonischer Lösung bei $T = 295$ K

Tabelle 9
Spin-Bahn-Kopplungskonstanten einiger Hauptgruppenelemente.

| Atom | $\xi$ (cm$^{-1}$) | Atom | $\xi$ (cm$^{-1}$) | Atom | $\xi$ (cm$^{-1}$) |
|---|---|---|---|---|---|
| $^{1}$H | — | $^{19}$F | 270 | $^{75}$As | 1550 |
| $^{11}$B | 11 | $^{29}$Si | 149 | $^{77}$Se | 1688 |
| $^{13}$C | 29 | $^{31}$P | 299 | $^{79}$Br | 2460 |
| $^{14}$N | 76 | $^{33}$S | 382 | | |
| $^{17}$O | 151 | $^{35}$Cl | 586 | | |

(Abb. 43) analysiert. Es besteht aus 18 *hfs*-Linien, wobei infolge von $a_0^{\mathrm{N}} \approx a_0^{\mathrm{Ag}}/2$ nur 11 Linien beobachtbar sind [37]: $a_0^{\mathrm{N}} = (17{,}2 \pm 0{,}3) \cdot 10^{-4}\,\mathrm{cm}^{-1}$, $a_0^{\mathrm{Ag}} = (34{,}4 \pm 0{,}3) \cdot 10^{-4}\,\mathrm{cm}^{-1}$.

Unter Annahme einer effektiven $D_{4h}$-Symmetrie ergibt sich mit Gl. (122) und $C_s^2 = (\alpha_N/2)^2\,(1 - n^2)$ ein Wert von $(\alpha_N)^2 = 0{,}37$ ($sp^2$-Hybridisierung ($n^2 = 2/3$) vorausgesetzt). Dieser Wert zeigt eine merkliche Delokalisierung ungepaarter Spindichte an.

### 6.3.4. *Instabile, nichtisolierbare Komplexspezies*

Zuweilen führen komplexchemische Reaktionen zu paramagnetischen Teilchen, die instabil sind oder als nichtisolierbare Zwischenprodukte nur in geringen Konzentrationen vorliegen. Sie können ohne Isolation in flüssigen oder gefrorenen Lösungen direkt im Spektrometer untersucht werden. Die Analyse erfolgt analog Abschn. 6.3.2. und 6.3.3., wobei insbesondere die Gl. (134) und die Analyse der *hfs*-Wechselwirkungen beachtet werden sollen.

Der Nachweis kurzlebiger Spezies erfolgt wie im Abschn. 8.1.5. beschrieben.

## 6.4. *Chemische Gleichgewichte*

### 6.4.1. *Ligandenaustauschreaktionen*

Die ESR ist geeignet, relative Konzentrationen im Gleichgewicht befindlicher paramagnetischer Spezies zu bestimmen, wenn sich deren Konzentration nicht um mehr als 2···3 Größenordnungen unterscheiden und die Spektrenparameter ($g_0$, $a_0$) der Spezies genügend voneinander verschieden, d. h. Signalüberlappungen minimal sind. Hierbei wird vorausgesetzt, daß die Intensität der ESR-Signale direkt proportional zur Konzentration der paramagnetischen Verbindung ist.

Gemäß Gl. (134) ist die Größe des $g_0$-Wertes

a) vom Größenverhältnis der *LS*-Kopplungskonstanten der Donoratome und des Metallions und

b) von der Symmetrie und den Bindungsverhältnissen des Komplexes (Parameter *A* und *B*) abhängig.

Sehr übersichtlich sind die Verhältnisse, wenn die Unterschiede in $g_0$ hauptsächlich durch (a) bestimmt sind. Typische Beispiele hierfür sind die schnell verlaufenden Ligandenaustauschreaktionen an Cu(II)-Chelaten ungesättigter Dichalkogenoliganden [38, 40]:

$$\mathrm{Cu}L_2 + \mathrm{Cu}L_2' \rightleftharpoons 2\,\mathrm{Cu}LL', \qquad (135)$$

*L*, *L'* z. B.

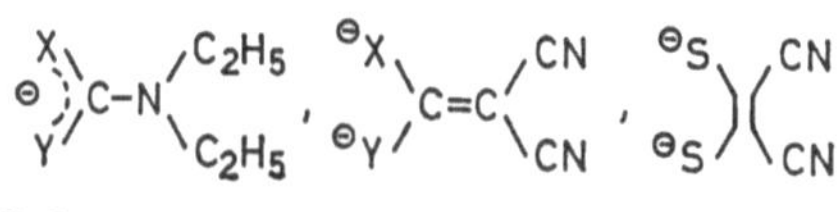

(X, Y = S, Se).

In diesen Fällen ist das Verhältnis $\lambda_L/\lambda$ entscheidend und es gilt die „Additivitätsregel" [38]:

$$\lambda_L/\lambda = \frac{1}{4}\,[n\lambda_{Se} + (4 - n)\,\lambda_S]/\lambda_{Cu} \tag{136}$$

$n$ — Anzahl der Donoratome im Komplex.

Diese Tatsache führt zu einer linearen Abhängigkeit des $g_0$-Wertes vom Verhältnis S/Se-Atome (Abb. 44), der „Schwere" der Koordinationssphäre, und gestattet auch nichtisolierbare Spezies im Reaktionsschema (135) anhand der $g_0$-Werte zu identifizieren.

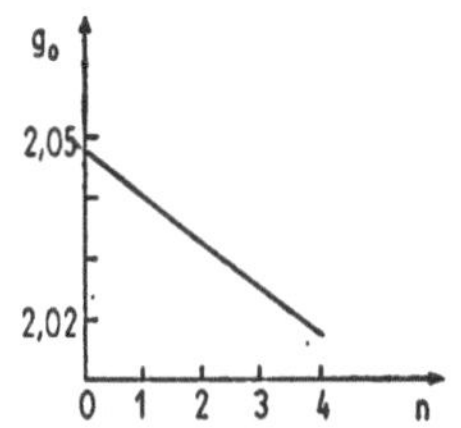


Abb. 44. Abhängigkeit des $g_0$-Wertes vom Verhältnis der S/Se-Atome in Komplexen des Typs $CuSe_nS_{4-n}$

Trägt man für die Reaktionen (137) und (138) die relativen Intensitäten der ESR-Spektren der einzelnen Spezies gegenüber verschiedenen Verhältnissen der Ausgangskomplexe $CuL_2$ und $CuL_2'$ auf, so erhält man die in Abb. 45 gezeigten Abhängigkeiten.

$$Cu(et_2dtc)_2 + Cu(et_2dsc)_2 \rightleftharpoons 2\,Cu(et_2dtc)\,(et_2dsc) \tag{137}$$

$$Cu(et_2dsc)_2 + Cu(mnt)_2^{2-} \rightleftharpoons 2\,Cu(et_2dsc)\,(mnt)^- \tag{138}$$

$et_2dtc^- = (C_2H_5)_2NC(S)\,S^-$, $et_2dsc^- = (C_2H_5)_2NC(Se)\,Se^-$, $mnt^{2-} = S_2C_2(CN)_2^{2-}$.

Aus Abb. 45 wird deutlich, daß die Gleichgewichtskonstante $K = [CuLL']^2/[CuL_2]\,[CuL_2']$ unmittelbar zugänglich ist. Im Falle der Reaktion (137) ergibt sich $K \approx 4$ (statistischer Verlauf). Bei der Reaktion (138) wird das Gemischtligandenchelat quantitativ gebildet: $K > 200$.

Eine Untersuchung der Gleichgewichte bei unterschiedlichen Temperaturen ermöglicht die Bestimmung der thermodynamischen Größen $\Delta H$, $\Delta G$ und $\Delta S$.

In den Fällen, wo sich die am Gleichgewicht beteiligten Spezies merklich hinsichtlich ihrer Symmetrie und den Metall-Ligand-

Bindungscharakter unterscheiden, ist zu beachten, daß die $g_0$-Werte nicht linear von der Schwere der Koordinationssphäre abhängig sind, da Unterschiede in den Parametern $A$ und $B$ (Gl. (134)) auftreten. Zur Identifizierung des Gemischtligandenchelats sollten die ESR-Spektren der Ausgangschelate bekannt sein. Eine Auswertung beobachtbarer Liganden-Hyperfeinstrukturen ist zur Absicherung oft sehr nützlich.

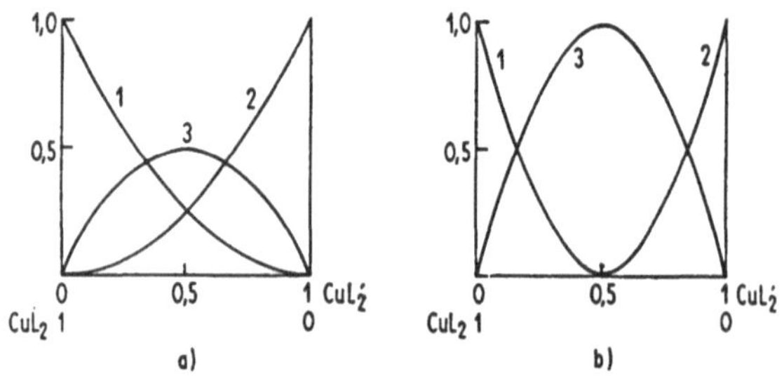


Abb. 45. Relative Konzentrationen der an den Gleichgewichten (137) und (138) beteiligten Reaktionspartner:

a) Reaktion (137):

*1* – $Cu(et_2dtc)_2$, *2* – $Cu(et_2dsc)_2$, *3* – $Cu(et_2dtc)(et_2dsc)$,

b) Reaktion (138):

*1* – $Cu(et_2dsc)_2$, *2* – $Cu(mnt)_2^{2-}$, *3* – $Cu(mnt)(et_2dsc)^-$

Zahlreiche Beispiele zu Ligandenaustauschreaktionen einzähniger Liganden in Komplexverbindungen des $MoO^{3+}$, $VO^{2+}$, $Cr^{5+}$, $W^{5+}$, $Nb^{4+}$ und $Ti^{3+}$ sind in einer Monographie von Marov und Kostromina zusammengestellt [39].

### 6.4.2. *Adduktbildungsreaktionen*

Ein anderer Typ von Gleichgewichten — Adduktbildungsreaktionen zwischen Metall-Bischelaten „$ML_2$" und Lewis-Basen „$B$" — ist für $M = Cu^{2+}$ dadurch charakterisiert, daß die Geschwindigkeitskonstanten der Hin- und Rückreaktion $k_1$, $k_2$ oft im Bereich des schnellen Austausches liegen (s. Abschn. 4.4.2.):

$$\underset{\text{„X"}}{ML_2} + B \underset{k_2}{\overset{k_1}{\rightleftharpoons}} \underset{\text{„Y"}}{ML_2B}. \qquad (139)$$

In einen solchem Fall werden Linienbreitenvariationen sowie Änderungen in den Linienpositionen erwartet. Im Ergebnis wird statt individueller Spektren für „X“ und „Y“ ein Signal bei der mittleren Frequenz [17, 41]

$$\begin{aligned}\langle\omega\rangle &= P_x\omega_x + P_y\omega_y \\ &= \omega_x/(1 + c_BK) + Kc_B\omega_y/(1 + Kc_B)\end{aligned} \tag{140}$$

mit einer mittleren Linienbreite von

$$T_2^{-1} = P_xT_{2x}^{-1} + P_yT_{2y}^{-1} + P_x^2P_y\tau_y(\omega_x - \omega_y)^2 \tag{141}$$

erhalten. Dabei sind $\omega_x$ und $\omega_y$ die LARMOR-Frequenzen der Spezies $ML_2$ und $ML_2B$, $c_B$ die Gesamtkonzentration an Base und $K = k_1/k_2$ die Gleichgewichtskonstante. $T_{2x}^{-1}$ und $T_{2y}^{-1}$ bezeichnen die Linienbreiten von „X“ und „Y“; $\tau_y = 1/k_2$ ist die mittlere Lebensdauer von „Y“. $P_x$ und $P_y$ sind ein Maß der Population von „X“ und „Y“ und mit den Lebensdauern $\tau_x$ und $\tau_y$ korreliert: $P_x = 1 - P_y = \tau_x/(\tau_x + \tau_y)$. Gleichung (140) ist gültig, wenn $c_B \gg c_{\mathrm{ML_2}}, c_{\mathrm{ML_2B}}$, was unter experimentellen Bedingungen in der Regel der Fall ist.

Die Ableitung von $K$ erfordert die Bestimmung der mittleren Frequenzen $\langle\omega\rangle$ für jede *hfs*-Linie in Abhängigkeit von $c_B$. Dies erfolgt durch Auswertung der Gl. (50) und Umrechnung in Frequenzeinheiten. $\omega_x$ und $\omega_y$ erhält man durch Auswertung des Spektrums von $ML_2$ im reinen, nichtkoordinierenden Lösungsmittel (z. B. Benzen $\rightarrow \omega_x$) und des Spektrums von $ML_2$ in der reinen LEWIS-Base (z. B. Pyridin), in der $ML_2B$ vorliegt ($\rightarrow \omega_y$).

Die Bestimmung der Geschwindigkeitskonstanten $k_1$ und $k_2$ erfolgt über Gl. (141) und die Beziehungen $\tau_y = 1/k_2$, $k_1 = Kk_2$. Mitunter müssen Korrekturterme hinzugefügt werden [42], da der Grenzfall des schnellen Austausches nur annähernd erreicht wird.

Eine Untersuchung der Temperaturabhängigkeit der Parameter $K$, $k_1$ und $k_2$ gestattet, die thermodynamischen Größen $\Delta H^0$ und $\Delta S^0$ sowie die Aktivierungsparameter der Hin- und Rückreaktion $\Delta H_1^{+}$, $\Delta S_1^{+}$, $\Delta H_2^{+}$ und $\Delta S_2^{+}$ zu bestimmen. In Tab. 10 sind Ergebnisse für die ausführlich untersuchte Reaktion (142) zusammengefaßt.

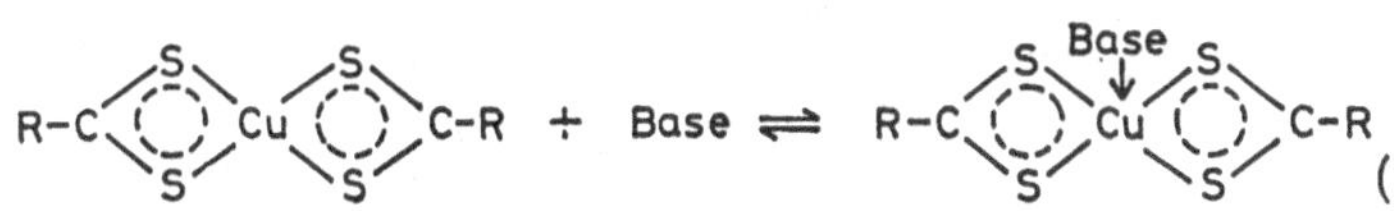


(142)

R= $-N(C_2H_5)_2$

Tabelle 10
Thermodynamische Parameter für die Reaktion (142) bei $T = 298$ K in Benzen ($K$ in mol$^{-1}$, $\Delta H$ in kJ · mol$^{-1}$, $\Delta S$ in kJ · K$^{-1}$ · mol$^{-1}$, $k_2$ in s$^{-1}$ · 10$^{-8}$) [43].

| Base | $K$ | $\Delta H^0$ | $\Delta S^0$ | $k_2$ | $\Delta H_2^{\neq}$ | $\Delta S_2^{\neq}$ | $\Delta H_1^{\neq}$ | $\Delta S_1^{\neq}$ |
|---|---|---|---|---|---|---|---|---|
| Pyridin | 0,38 | −18,0 | −67,0 | 5,8 | 8,8 | −50,2 | −9,2 | −117,2 |
| α-Picolin | 0,05 | −13,0 | −71,2 | 9,4 | 35,2 | +46,1 | +22,2 | −25,1 |
| β-Picolin | 0,49 | −21,8 | −79,5 | 4,6 | 11,7 | −41,9 | −10,0 | −121,4 |
| γ-Picolin | 0,62 | −23,9 | −83,7 | 3,3 | 15,9 | −29,3 | −8,0 | −113,0 |

## 6.5. *Untersuchungen zur Kinetik von Reaktionen an Übergangsmetall-Komplexverbindungen*

ESR-spektroskopisch können Beiträge zur Kinetik langsamer und auch schneller chemischer Reaktionen erbracht werden. Eine Technik zur Untersuchung schnellerer Reaktionen ist im Abschn. 8.1.5. dargestellt. Nachstehend wird ein Beispiel für „langsam" verlaufende und somit im konventionellen ESR-Experiment verfolgbare Reaktionen angeführt.

Bei der Reaktion der Organonickel(II)-Verbindung (*I*) mit Nitrosoduren im Molverhältnis 1:1 wird in der Startphase letzteres sehr schnell an den Nickelkomplex unter Ausbildung eines Radikalkomplexes (*II*) koordiniert. Dieser zerfällt rasch, wobei durch Reaktion des Nitrosodurens mit der Allylgruppierung hauptsächlich gebildete Allyl-duryl-nitroxid-Radikale (*III*) nachweisbar sind [44].

Im ESR-Spektrum (Abb. 46) sind die paramagnetischen Spezies (*II*) und (*III*) nebeneinander vorhanden. Abbildung 47 zeigt die Abnahme der Konzentration von (*II*) anhand der sinkenden Signalintensität mit fortschreitender Reaktionszeit. Sie läßt sich annähernd mit einem Zeitgesetz 1. Ordnung beschreiben, wobei $k_1 = 2{,}5 \cdot 10^{-3}\ s^{-1}$ und $t_{1/2} = 4{,}6$ min ist ($T = 293$ K).

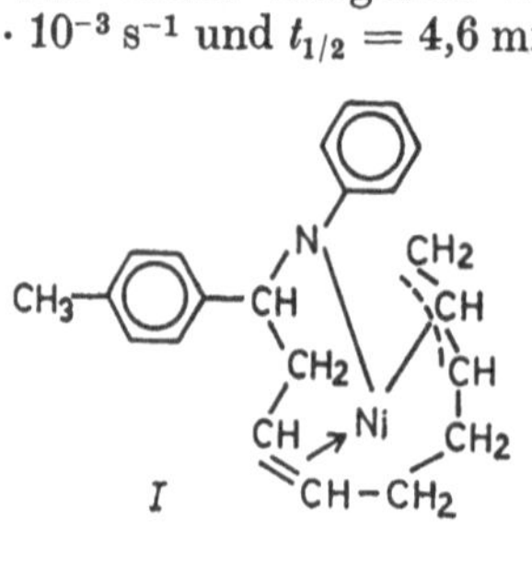


I

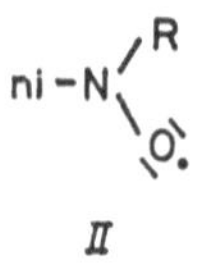


II

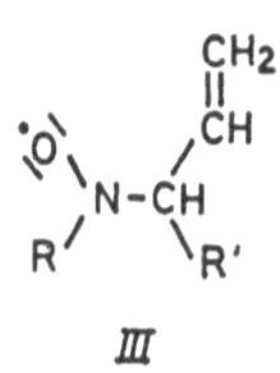


III

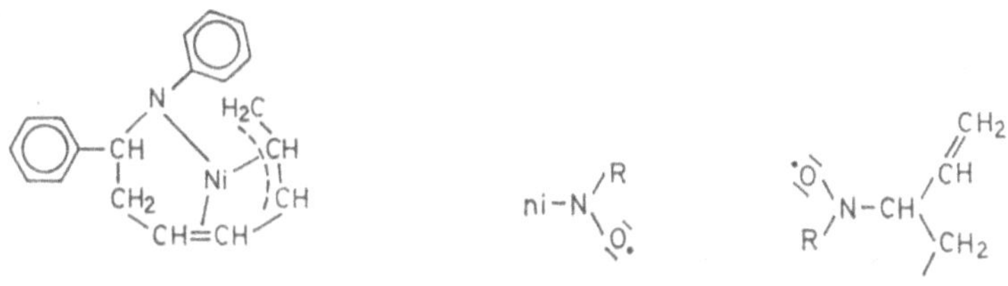

*I* *II* *III*

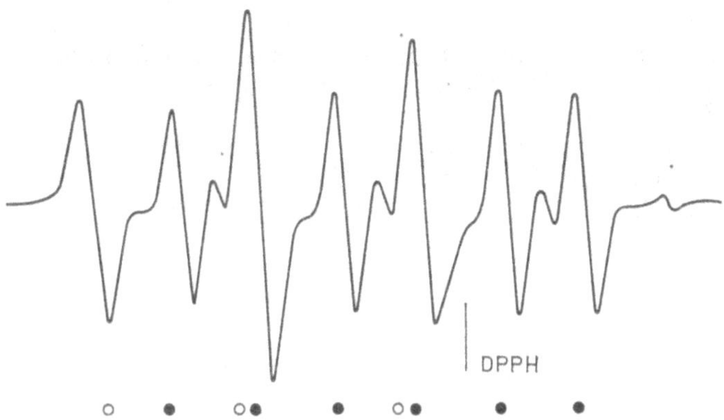


Abb. 46. X-Band-ESR-Spektrum der gleichzeitig in Lösung vorhandenen Spezies (*II*) ∘ und (*III*) • ($T = 293$ K, Lsm.: $C_6H_6$)

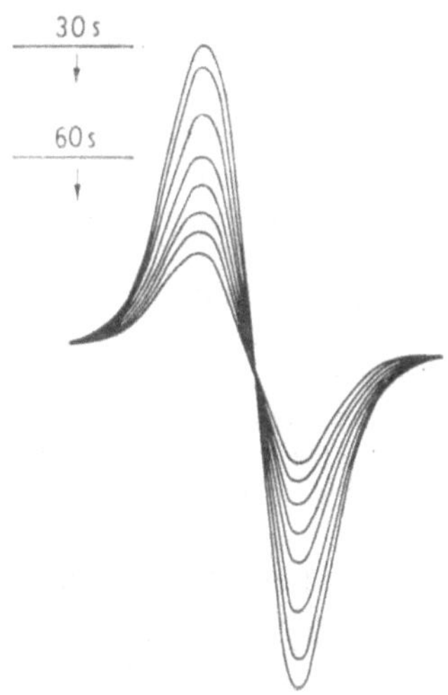


Abb. 47. Abnahme der Signalintensität der $m_I = -1$-Linie des ESR-Spektrums des Radikalkomplexes (*II*) mit der Zeit ($T = 293$ K)

In ähnlicher Weise können auch Ligandenaustauschreaktionen untersucht werden, wobei nicht alle Reaktionspartner paramagnetisch sein müssen [45].

## 6.6. „Low-spin — high-spin"-Verhalten von 3d-Übergangsmetallionen

Für eine Reihe von 3*d*-Metallionen wird in Abhängigkeit von der Stärke und der Symmetrie des Kristallfeldes „high-spin"- oder „low-spin"-Verhalten beobachtet. Beide Konfigurationen besitzen einen unterschiedlichen Gesamtspin *S* und somit verschiedene ESR-Spektren.

Besonders häufig untersucht sind „low-spin"-Komplexe der Konfigurationen $3d^5$ ($S = 1/2$, z. B. $Cr^+$ [46], $Fe^{3+}$ [47]) und $3d^7$ ($S = 1/2$, z. B. $Fe^+$ [46, 48], $Co^{2+}$ [49], $Ni^{3+}$ [34, 39]).

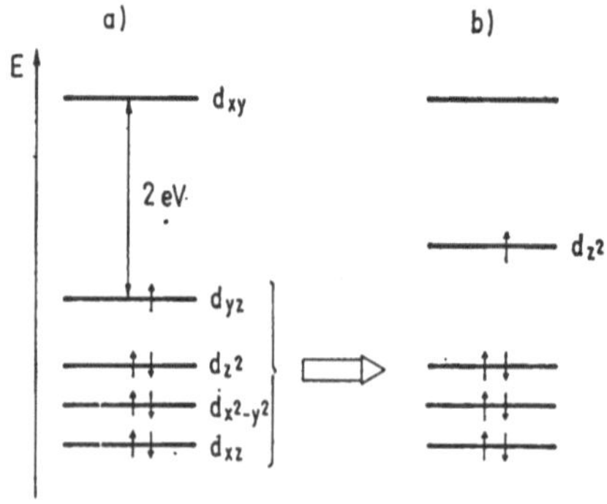


Abb. 48. Veränderung des *d*-Orbital-Energieniveauschemas für planare „low-spin"-Co(II)-Komplexe (a) bei Adduktbildung (b)

Planare „low-spin"-Co(II)-Chelate weisen aufgrund ihres *d*-Orbital-Energieniveauschemas (Abb. 48) — abgesehen vom $d_{xy}$-Orbital liegen alle anderen nahe beieinander — die interessante Eigenschaft auf, daß relativ geringe Änderungen in der Koordination den Grundzustand bzw. die Reihenfolge benachbarter Bahnzustände ändern. Dies ist an markanten Unterschieden im ESR-Spektrum erkennbar.

MO-Rechnungen zeigen [49], daß sich bei planar koordinierten Komplexen das ungepaarte Elektron entweder im „$d_{yz}$"- oder „$d_{z^2}$"-Orbital befindet, wobei wegen der nahe liegenden Bahnzu-

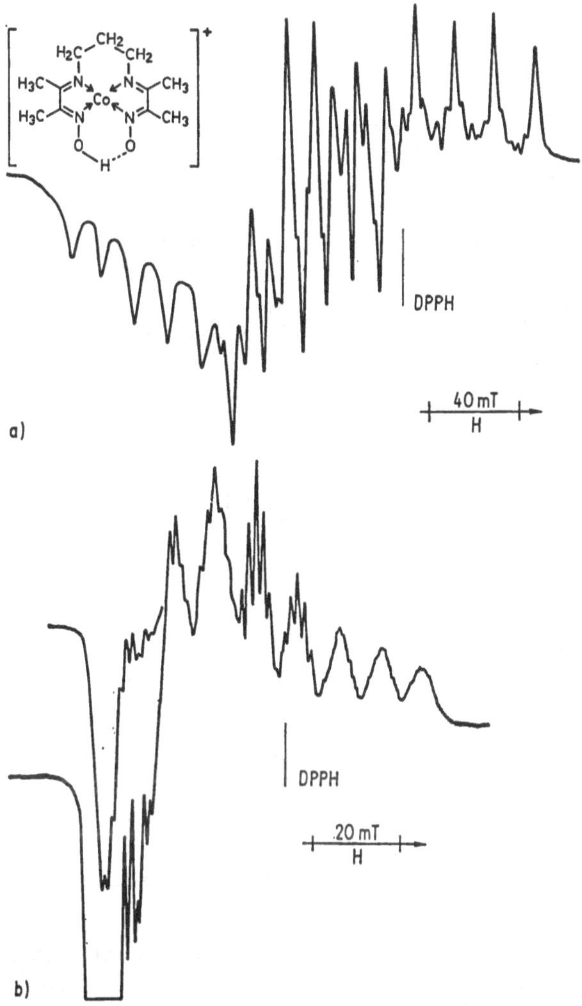


Abb. 49. X-Band-ESR-Spektrum von [Co(tn)]$ClO_4$:
a) eingebaut in polykristallines [Ni(tn)]$ClO_4$,
b) in n-Propanol/$H_2O$ in Gegenwart von Pyridin (Co:Pyridin = 1:170). $T = 130$ K

stände ein ausgeprägt anisotropes ESR-Spektrum resultiert. Bei Adduktbildung mit LEWIS-Basen hält sich das ungepaarte Elektron im wohlseparierten „$d_{z^2}$"-Orbital auf (Abb. 48). Die Anisotropie von $\tilde{g}$ wird wesentlich kleiner und wegen längerer Spin-Gitter-Relaxationszeiten verringert sich die Linienbreite merklich. Dieses Verhalten ist in Abb. 49 am Beispiel des Komplexes [Co(tn)]$ClO_4$ gezeigt [50].

In Anwesenheit der LEWIS-Base Pyridin bildet sich das Bisaddukt, deutlich erkennbar an der Quintettaufspaltung der $^{59}$Co-*hfs*-Linien, dem Resultat der *hfs*-Wechselwirkung mit zwei äquivalenten $^{14}$N-Kernen.

Die zahlreich untersuchten und biologisch interessanten Sauerstoffaddukte der „low-spin"-Co(II)-Chelate zeigen ein ähnliches Verhalten: ungepaartes Elektron im „$d_{z^2}$"-Zustand, geringe $\tilde{g}$-Anisotropie [51]. Zusätzlich wird in diesem Falle noch eine starke Verkleinerung der $^{59}$Co-*hfs*-Aufspaltungen beobachtet.

Bei vielen oktaedrischen bzw. verzerrt-oktaedrischen Komplexen des $Fe^{3+}$ erfolgt in Abhängigkeit von der Temperatur (die Änderungen in der Kristallfeldstärke bewirkt) ein Wechsel des Grundzustandes. Sie zeigen „cross-over"-Verhalten [52]. Damit verbunden ist eine Änderung des Gesamtspins; es liegt ein temperaturabhängiges Spin-Gleichgewicht $S = 5/2 \rightleftharpoons S = 1/2$ vor. Da beide Spinzustände ESR-aktiv sind, können Untersuchungen zu diesen Gleichgewichten vorgenommen werden.

## 6.7. *Besonderheiten der 4d-, 5d-Ionen; Lanthanide, Aktinide*

Die Interpretation der ESR-Spektren von 4*d*- und 5*d*-Ionen ist prinzipiell analog der für die 3*d*-Systeme beschriebenen. Folgende Besonderheiten sind jedoch zu beachten:

a) Aufgrund des stärkeren Kristallfeldes sind die Ionen der Konfigurationen $4d^4$ bis $4d^8$ sowie $5d^4$ bis $5d^8$ nahezu ausschließlich „low-spin"-Systeme. Die ESR-Spektren sind entsprechend dem sich daraus ergebenden effektiven Elektronenspin zu beschreiben.

b) Die *LS*-Wechselwirkung ist für diese Ionen (insbesondere 5*d*-Ionen) wesentlich stärker als bei 3*d*-Ionen. Damit werden die Elektronen-Spin-Gitter-Relaxationszeiten kürzer. Die Beobachtung des ESR-Spektrums erfordert daher oft Temperaturen von $T < 77$ K. Von einer Reihe von Verbindungen der $4d^1$- ($Nb^{4+}$, $Mo^{5+}$), $5d^1$- ($W^{5+}$), $4d^7$- ($Rh^{2+}$, $Pd^{3+}$), $5d^7$- ($Pt^{3+}$), $4d^9$- ($Ag^{2+}$) und $5d^9$-Ionen ($Au^{2+}$) wird jedoch bei Vorliegen eines Bahnsingulett-Grundzustandes bei Raumtemperatur das ESR-Spektrum beobachtet.

Eine große Anzahl der Ionen der Lanthanide ist paramagnetisch. Aufgrund der Abschirmung der 4*f*-Elektronen durch die äußeren Elektronenschalen liegt nur eine schwache Wechselwirkung mit dem Kristallfeld vor. Daher ist $M_L$ keine gute Quantenzahl; zur Beschreibung muß der Gesamtdrehimpuls $\vec{J}$ ($M_J$) verwendet werden.

4*f*- (und 5*f*-)Ionen sind „komplizierte" Spinsysteme. Sie sind mit Ausnahme der $^8S$-Zustände ($4f^7$: $Eu^{2+}$, $Gd^{3+}$) nur bei Temperaturen $T \ll 77$ K der ESR zugänglich und geeigneterweise in Einkristallen zu untersuchen. Die Theorie sowie Beispiele sind ausführlich in Monographien [26, 53] und Übersichtsartikeln [54, 55] dargestellt.

## 6.8. Austauschgekoppelte Metall-Metall-Paare

Einige Übergangsmetallkomplexe bilden in Kristallen, aber auch in Lösungen, austauschgekoppelte Dimere. Am Beispiel eines Systems, bestehend aus zwei gleichartigen, gekoppelten Metallionen mit $S_1 = S_2 = 1/2$ sollen die magnetischen Austauschwechselwirkungen dargestellt werden.

Der Austausch ist durch drei Mechanismen charakterisiert:

a) die isotrope (skalare) Austauschwechselwirkung

$$\hat{H}_{\text{ex}} = -J\hat{\vec{S}}_1 \cdot \hat{\vec{S}}_2, \tag{143}$$

b) die magnetische Dipol-Dipol-Wechselwirkung (Term (1), Gl. (144)) und

c) die pseudo-dipolare oder „anisotrope" Austauschwechselwirkung (Term (2) in Gl. (144)):

$$\hat{H}_{\text{dipol}} = \hat{\vec{S}}_1 \cdot \tilde{D}_{dd} \cdot \hat{\vec{S}}_2 + D_{ex} \cdot \hat{\vec{S}}_1 \cdot \hat{\vec{S}}_2 = \hat{\vec{S}}_1 \cdot \tilde{D}_e \cdot \hat{\vec{S}}_2. \tag{144}$$

Die isotrope Austauschwechselwirkung zwischen zwei $S = 1/2$-Ionen verursacht einen Singulett- ($S = 0$) und einen Triplettzustand ($S = 1$), die in der Energieskala durch den Parameter $J$

(= isotropes Austauschintegral) separiert sind. Definitionsgemäß ist $J$ negativ bei antiferromagnetischer Kopplung und positiv bei ferromagnetischer Kopplung. Im ersteren Fall ist der Singulettzustand der Grundzustand, bei ferromagnetischer Kopplung der Triplettzustand (s. Abb. 50).

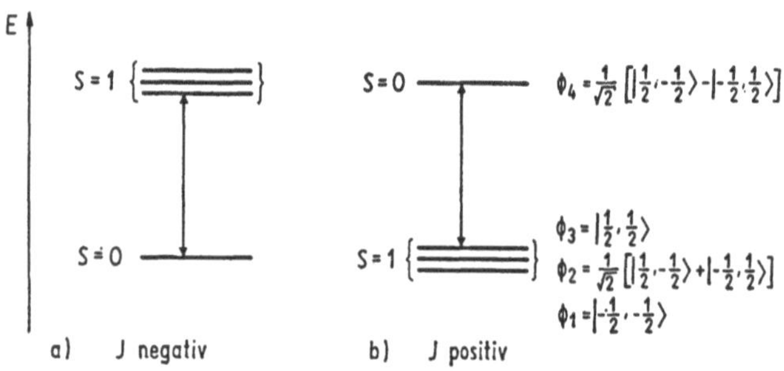


Abb. 50. Singulett-Triplett-Aufspaltung für zwei austauschgekoppelte Metallionen mit $S_1 = S_2 = 1/2$:
a) antiferromagnetische Kopplung,
b) ferromagnetische Kopplung

Die Dipol-Dipol-Wechselwirkung (einschließlich der pseudodipolaren) bewirkt eine Aufspaltung des Triplettzustandes, die vom Erscheinungsbild her analog der eines Übergangsmetallions mit zwei ungepaarten Elektronen ($S = 1$) ist (siehe Abschn. 3.2.2.1., Abb. 14). Der Beitrag der pseudodipolaren Wechselwirkung zu $\hat{H}_{\text{dipol}}$ ist oft gering. Er gewinnt jedoch an Bedeutung, wenn das Dimere kein Inversionszentrum besitzt und die $LS$-Kopplungskonstante der Metallionen groß ist ($4d$-, $5d$-Reihe).

Für $|J| \gg h\nu$ kann das ESR-Spektrum so behandelt werden, als würde es von einem Übergangsmetall mit $S = 1$ herrühren. Die in Abb. 50 angegebenen Zustände sind „reine" Zustände. Gilt $|J| < h\nu$, so müssen alle vier Zustände betrachtet werden. Weder der Triplett- noch der Singulettzustand sind „reine" Zustände.

Der oft vorkommende Fall $|J| \gg h\nu$ sei näher betrachtet. Das ESR-Spektrum ist durch den Spin-HAMILTON-Operator (145) beschreibbar. Ein Vergleich mit dem Operator (71) zeigt die Ähnlichkeit zu einem Metallion mit $S = 1$. Analog zu diesem ist die Ermittlung von $D_e$ und $E_e$ für das Paarsystem.

$$\hat{H}_{sp} = J\hat{\vec{S}}_1 \cdot \hat{\vec{S}}_2 + \beta_e\vec{H} \cdot \tilde{g} \cdot (\vec{S}_1 + \vec{S}_2) + (3\hat{S}_{z1}\hat{S}_{z2} - \hat{\vec{S}}_1\hat{\vec{S}}_2)$$
$$+ E_e(\hat{S}_{x1}\hat{S}_{x2} - \hat{S}_{y1}\hat{S}_{y2}) + \frac{1}{2}\tilde{A} \cdot \hat{\vec{S}} \cdot (\hat{\vec{I}}_1 + \hat{\vec{I}}_2). \quad (145)$$

$J$ sowie dessen Vorzeichen kann aus den ESR-Spektren erhalten werden, in dem die Intensität der Triplett-Signale bei $H \parallel z$ temperaturabhängig untersucht wird. Für ein negatives $J$ wird mit sinkender Temperatur ein Absinken der ESR-Signalintensität $\rightarrow 0$ beobachtet (der $S = 0$-Zustand ist magnetisch inaktiv!). Für ein positives $J$ nimmt die Signalintensität mit sinkender Temperatur zu. Für $g_{zz}\beta_e H_z \ll kT \ll J$ ist die Intensität des Spektrums 4/3 mal größer, da der $S = 0$-Zustand „entvölkert" ist.

Der Beitrag von $D_{dd}$ zu $D_e$ kann im Rahmen des Kristallfeldmodells abgeschätzt werden. Unter der Annahme, daß die Molekülsymmetrieachsen und die magnetischen Achsen der Moleküle des Dimers koaxial sind, gilt

$$D_{dd} = [0{,}325 g_{\parallel}^2 (1 - 3\cos^2\theta)/r_{1,2}^3]. \quad (146)$$

$\theta$ ist der Winkel zwischen dem „intermetallischen" Vektor $\vec{r}_{1,2}$ und dem äußeren Magnetfeld. Über die Beziehung $D_e = D_{dd} + D_{ex}$ kann $D_{ex}$ abgeschätzt werden. Ist $D_{ex}$ klein, so kann wegen $D_e \approx D_{dd}$ aus dem experimentellen Spektrum der Metall-Metall-Abstand $r_{1,2}$ errechnet werden. Dies ist von Bedeutung, wenn keine Kristallstrukturdaten vorliegen.

Die Anzahl der *hfs*-Linien folgt aus der Größe des Gesamt-Kernspins $I_{ges} = I_1 + I_2$. Für ein $Cu^{2+}$—$Cu^{2+}$-Dimeres werden daher entsprechend $I_{ges} = 3$ sieben *hfs*-Linien mit einem Intensitätsverhältnis von 1:2:3:4:3:2:1 erwartet. Die *hfs*-Aufspaltung ist etwa halb so groß wie die des entsprechenden Monomers.

Beispiel: Bis(diethyl-dithiocarbamato)Cu(II)/Zn(II), Cu/Zn-$(et_2dtc)_2$ [56]

Sowohl $Cu(et_2dtc)_2$ als auch $Zn(et_2dtc)_2$ besitzen eine dimere Struktur (s. Abb. 51). Beim Einbau des Cu-Chelats in das Zn-Wirtschelat bilden sich bei höheren Cu-Konzentrationen (> 0,5%

relativ zu $Zn^{2+}$) schwach ferromagnetisch gekoppelte $Cu^{2+}-Cu^{2+}$-Paare, deren ESR-Spektrum durch den Operator (145) beschrieben werden kann. Abbildung 52 zeigt neben dem Spektrum isolierter $Cu^{2+}$-Einheiten die beiden erlaubten $\Delta M_s = \pm 1$-Übergänge des Paarspektrums. Das erwartete $^{63}$Cu-*hfs*-Septett ist deutlich erkennbar. Die Spektrenparameter der Paare und der Monomeren sind in Tab. 11 zusammengestellt.

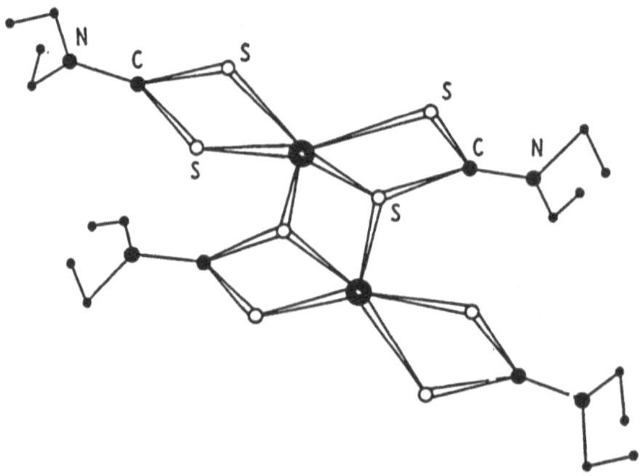


Abb. 51. Dimere Struktur von $Cu(et_2dtc)_2$

Tabelle 11
ESR-Parameter der $Cu^{2+}-Cu^{2+}$-Paare sowie der Monomeren in $^{63}Cu/Zn(et_2dtc)_2$. Kopplungskonstanten in $10^{-4}$ cm$^{-1}$.

| | $Cu^{2+}$-Monomere | $Cu^{2+}-Cu^{2+}$-Paare |
|---|---|---|
| $g_{xx}$ | 2,023 ± 0,002 | 2,031 ± 0,002 |
| $g_{yy}$ | 2,030 ± 0,002 | 2,031 ± 0,002 |
| $g_{zz}$ | 2,108 ± 0,001 | 2,1025 ± 0,0010 |
| $A_{xx}$ | −(20 ± 1) | −(14,8 ± 1,0) |
| $A_{yy}$ | −(28 ± 1) | −(14,8 ± 1,0) |
| $A_{zz}$ | −(143 ± 1) | −(75,1 ± 1,0) |
| $D_e$ | | −(276,0 ± 1,0) |
| $E_e$ | | +(46,7 ± 1,0) |
| $J$ | | +21[1]) |

[1]) in cm$^{-1}$

Über Gl. (146) erhält man mit $\theta = 40°$ und $r_{1,2} = 359$ pm $D_{dd} = -238 \cdot 10^{-4}\,\text{cm}^{-1}$. $D_{ex}$ ergibt sich über $D_e = D_{dd} + D_{ex}$ zu $D_{ex} = -37 \cdot 10^{-4}\,\text{cm}^{-1}$.

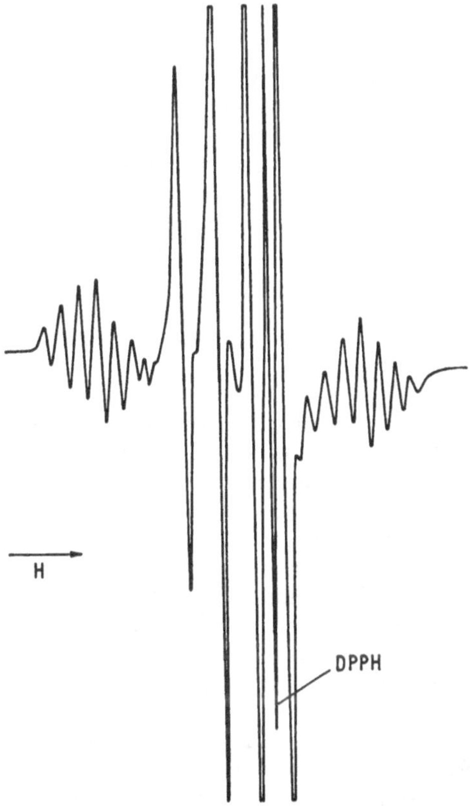


Abb. 52. $Q$-Band-ESR-Einkristallspektrum von $Cu/Zn(et_2dtc)_2$ ($c_{Cu^{2+}} = 5\%$, $T = 4{,}2$ K)

Die Theorie austauschgekoppelter $S_1 = S_2 = 1/2$-Systeme, deren Spektrenanalyse in polykristalliner Matrix sowie zahlreiche Beispiele sind in einer Übersichtsarbeit von PILBROW und SMITH [57] zusammengefaßt. Dort sind auch mehrere Beispiele von biologisch bedeutsamen Systemen enthalten.

# 7. ESR-Untersuchungen an Festkörpern

Die Eigenschaften eines Festkörpers werden durch die Anwesenheit von Störstellen wesentlich beeinflußt. Der Vorteil der ESR bei der Analyse von paramagnetischen Störstellen gegenüber anderen Methoden besteht darin, daß Aussagen über die Mikrostruktur des paramagnetischen Zentrums erhalten werden. Suszeptibilitäts- oder Leitfähigkeitsmessungen nehmen dagegen eine Mittelung über verschiedenartige Störstellen vor.

Nachfolgend sind einige Anwendungsmöglichkeiten der ESR bei der Untersuchung von Festkörpern aufgeführt. Der zur Interpretation der ESR-Spektren notwendige Formalismus ist ausführlich in den Abschn. 6. und 8. dargestellt.

## *7.1. ESR-Untersuchungen an amorphen Festkörpern und Festkörperoberflächen*

Die paramagnetischen Zentren in amorphen Festkörpern und Gläsern können bereits im Festkörper vorliegen (z. B. Defektzentren, paramagnetische Übergangsmetallionen), aber auch durch Bestrahlung oder Dotierungsprozesse erzeugt werden.

Ziel der ESR-Untersuchungen ist die Ermittlung der Struktur der paramagnetischen Zentren. Davon ausgehend sind Aussagen zur Homogenität eines Materials, zum Kristallisations- und Polymerisationsgrad oder über die Struktureinheiten eines Glases möglich. Auch Untersuchungen von Phasenwandlungen können im Mittelpunkt der ESR-Messungen stehen.

ESR-aktive Oberflächenzentren können durch Bestrahlung, aber auch durch thermische Aktivierung, Plasmaaktivierung, mechanische Bearbeitung oder Belegung der Oberfläche mit paramagnetischen Ionen oder Molekülen eingeführt werden. ESR-spektroskopisch erfaßbar sind neben Defektzentren vor allem

- an Oberflächen erzeugte und stabilisierte anorganische Radikale ($O^-$, $O_2^-$, $O_3^-$, $CO_2^-$, $CO_3^-$, $SO_2^-$, $Cl_2^-$, H·, s. Abschn. 8.8.),
- organische Radikale, wie $CH_3\cdot$, $C_2H_5\cdot$, $>\!\text{AlO}\dot{C}H_2$, $\text{SiO}\dot{C}(CH_3)_2$ u. a.
- bei der Adsorption von Molekülen (z. B. Naphtalin, Perylen, Tetracyanoethylen, 1.3.5.-Trinitrotoluen) spontan gebildete Radikalkationen und -anionen,

— adsorbierte stabile organische Radikale (z. B. Nitroxidradikale) und
— an Oberflächen aufgebrachte paramagnetische Übergangsmetallionen.

Die ESR-Spektren haben die Form von Pulverspektren und sind besonders bei organischen Radikalen teilweise schwierig zu interpretieren.

## 7.2. *Untersuchungen an Störstellen in einkristallinen Festkörpern*

### 7.2.1. *Ionen der Übergangselemente*

Paramagnetische Übergangsmetallionen treten häufig als Störstellen in Festkörpern auf, werden andererseits auch als „Sonde“ zur Untersuchung der Festkörpereigenschaften eingeführt.

Beispiel 1:

Ausführliche ESR-Messungen wurden an mit $Cu^{2+}$, $VO^{2+}$ und $Cr^{3+}$ dotierten Ferroelektrika, wie Triglycinsulfat (*TGS*), Sarcosin u. a., durchgeführt. Durch exakte Analyse der paramagnetischen Zentren, durch Untersuchung der Temperaturabhängigkeit der ESR-Spektren, durch Einsatz der ENDOR-Technik (s. Abschn. 10.), um weitreichende, sehr schwache *hfs*-Wechselwirkungen aufzuklären, und durch Messung der Relaxationszeiten können umfangreiche Aussagen zur Struktur der Störstellen in den Phasen und am Phasenumwandlungspunkt solcher Systeme getroffen werden [31, 58, 59].

Beispiel 2:

Übergangsmetalle können in geringen Konzentrationen einen großen Einfluß auf das photochemische Verhalten von Silberhalogeniden haben. Bei der Photolyse von $Pd^{2+}$-dotierten AgX-Einkristallen (X = Br, Cl) bei $T = 100$ K konnten anhand der ESR-Spektren $[PdX_6]^{3-}$- und $[PdX_6]^{5-}$-Spezies nachgewiesen werden [60, 61]. Dabei erscheint die Formulierung der Störstellen als molekulare Komplexe gerechtfertigt, da das ungepaarte Elektron eine große Aufenthaltswahrscheinlichkeit in den $[PdX_6]^{n-}$-Einheiten hat. Für diese Spezies konnten die in Tab. 12 angegebenen ESR-Parameter bestimmt werden.

Für die $[PdBr_6]^{5-}$- und $[PdBr_6]^{3-}$-Zentren wurden aus den ESR-Parametern MO's für das ungepaarte Elektron abgeleitet, die aus dem Pd-$4d_{x^2-y^2}$ ($Pd^+$)- und $-4d_{z^2}$ ($Pd^{3+}$)-Orbital und entsprechenden Ligandenorbitalen bestehen. Aus der Temperaturabhängigkeit der Spektren folgt weiter, daß die $Pd^+$-Zentren, die

Tabelle 12
ESR-Parameter von $PdX_6^{n-}$-Zentren in AgX-Einkristallen. $A_{ii}$ in $10^{-4}$ cm$^{1-}$.

| | $\tilde{g}$ | | $\tilde{A}^X$ | | |
|---|---|---|---|---|---|
| | $g_\parallel$ | $g_\perp$ | $A_{xx}$ | $A_{yy}$ | $A_{zz}$ |
| $PdBr_6^{5-}$ | 2,624 | 2,127 | 42,6 | 84,7 | 37,2 |
| $PdCl_6^{5-}$ | 2,716 | 2,135 | 20,8 | 5,8 | 8,3 |
| $PdBr_6^{3-}$ | 2,065 | 2,152 | 40,0 | 40,0 | 160,0 |
| $PdCl_6^{3-}$ | 2,012 | 2,184 | 6,9 | 6,9 | 35,6 |

durch Einfang eines Elektrons entstehen, bei Raumtemperatur eine Lebensdauer von mehreren Stunden besitzen, während die $Pd^{3+}$-Zentren eine Lebensdauer von wenigen Millisekunden aufweisen.

### 7.2.2. *Farbzentren*

Farbzentren, vor allem solche in Alkalihalogeniden, sind atomare Störstellen in Festkörpern, die weitergehend in Elektronenzentren (*F*-Zentren), Defektelektronenzentren (*V*-Zentren) und Fremdionenzentren unterteilt werden können.

Die *F*-Zentren in den Alkalihalogeniden bestehen aus einer Anionenlücke mit einem gebundenen Elektron. Das ESR-Spektrum besteht in den meisten Fällen aus einer inhomogen verbreiterten Linie mit einer Linienbreite zwischen 5 und 30 mT. In einigen Alkalihalogenid-Einkristallen, z. B. LiF, NaF, RbCl und CsCl, ist jedoch die *hfs* im ESR-Spektrum aufgelöst.

Mit Hilfe der ENDOR-Technik (Abschn. 10.) können *hfs*-Wechselwirkungen, die weit über die erste Schale hinaus reichen, erfaßt werden. In KBr-Einkristallen gelang es auf diese Weise, Wechselwirkungen des ungepaarten Elektrons mit Kernen bis zur achten Schale nachzuweisen [62] (s. Abb. 53).

Inwieweit die *hfs* in den ESR-Spektren aufgelöst ist oder nicht, hängt von der Größe der *hfs*-Wechselwirkungen aufeinanderfolgender Schalen ab. Im NaH tritt das ungepaarte Elektron des *F*-Zentrums mit sechs äquivalenten Na-Kernen ($I = 3/2$) der 1. Schale in Wechselwirkung. Als Folge wird eine aus 19 Linien

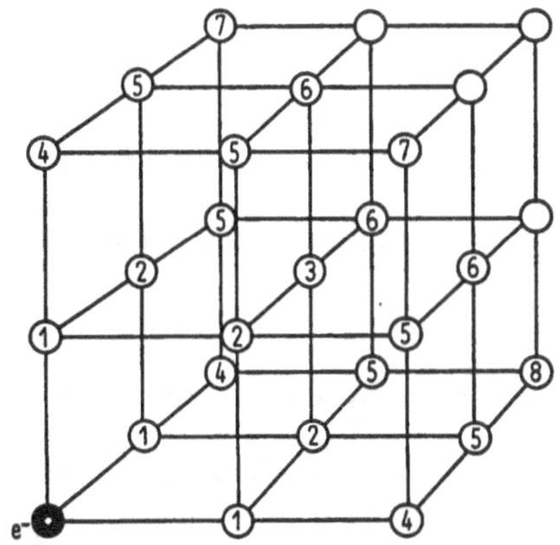

Abb. 53. *F*-Zentrum in Alkalihalogenid-Kristallen mit den Schalen I—VIII

bestehende *hfs* beobachtet. Die Linienbreite jeder *hfs*-Linie wird durch die *hfs*-Wechselwirkung mit der 2. Schale, die 12 äquivalente $H^-$-Ionen enthält, bestimmt, so daß die Aufenthaltswahrscheinlichkeit des ungepaarten Elektrons an den Kernen der 2. Schale noch abgeschätzt werden kann.

### 7.2.3. *ESR-Untersuchungen an Halbleitern*

Paramagnetische Zentren in Halbleitern werden vor allem durch Dotierung, z. B. von Si mit V, Mn, Cr (Störstellen großer Aktivierungsenergie) oder mit P, As, Sb, B und Ga (Störstellen niedriger Aktivierungsenergie), erzeugt. Weiterhin sind ESR-Untersuchungen an Leitungsband-Elektronen, Bestrahlungsdefekten und von Oberflächenzuständen möglich.

Die ESR-Untersuchungen an Halbleitern weisen einige Besonderheiten auf, die für Störstellen niedriger Aktivierungsenergie näher betrachtet werden sollen. Silicium, das im Diamantgitter kristallisiert, bildet vier kovalente, tetraedrisch angeordnete Bindungen aus. Wird ein Si-Atom durch ein Atom der V. Hauptgruppe des Periodensystems ersetzt, bleibt ein Elektron dieses Atoms ungepaart. Es bildet den neutralen Donorzustand aus. Der Grundzustand dieses paramagnetischen Zentrums liegt etwa 0,5 eV unter dem Leitungsband. Das Donatorelektron kann leicht in das Leitungsband übergehen. Hohe Donatorkonzentrationen bewirken durch die Überlappung der Wellenfunktionen, daß sich die Elektronen frei in der Probe bewegen und nicht mehr lokalisiert sind. Deshalb können die Donatorzustände nur bei sehr tiefen Temperaturen (4,2 K) untersucht werden. Bei niedrigen Donatorkonzentrationen ist die *hfs* aufgelöst und Aussagen zur Wellenfunktion des Donatorelektrons und zur Bandstruktur sind möglich.

# 8. ESR-Untersuchungen an Radikalen

Der Paramagnetismus von vielen Radikalen, d. h. von Atomen, organischen und anorganischen Molekülen bzw. deren Ionen, die über ein ungepaartes Elektron verfügen, wird durch das magnetische Spinmoment dieses Elektrons bestimmt. Daher sind die isotropen „$g$-Faktoren" nur wenig verschieden von dem des freien Elektrons. Die in festen Matrizen beobachtete Anisotropie des $g$-Tensors ist gering. Größere $\Delta g$-Verschiebungen treten auf, wenn in den Radikalen Atome mit einer großen $LS$-Kopplung vorhanden sind und das ungepaarte Elektron eine bestimmte Aufenthaltswahrscheinlichkeit an diesen Atomen besitzt. In diesen Fällen kann auch eine größere Anisotropie von $\tilde{g}$ beobachtet werden.

Radikale gehören verschiedenartigsten Stoffklassen an. In Abhängigkeit von der Struktur variieren ihre Eigenschaften stark. Deshalb unterscheidet man neben der Einteilung in Stoffklassen auch zwischen Radikalen mit einer kurzen bzw. langen Lebensdauer oder hinsichtlich ihrer Elektronenstruktur zwischen $\pi$- und $\sigma$-Radikalen, je nach Typ des MO's, das vom ungepaarten Elektron besetzt wird.

Die nachfolgenden Abschnitte beschreiben ESR-Untersuchungen an Radikalen in Lösungen und Einkristallen. ESR-Spektren von polykristallinen Proben organischer Radikale sind bei Vorhandensein einer *hfs* aufgrund der geringen Anisotropie des $g$-Tensors, durch Linienverbreiterungen und Überlagerungen schlecht auswertbar.

## *8.1. Erzeugung von Radikalen*

Die Methoden zur Radikalerzeugung sind vielfältig. Sie sind von den physikalisch-chemischen Eigenschaften der zu untersuchenden Radikale und von der jeweiligen Problemstellung abhängig. Die spezielle Problemstellung entscheidet auch über Zusatzeinrichtungen zum ESR-Spektrometer und über die Vorbehandlung der Proben.

### *8.1.1. Vorbereitung und Lösungsmittel*

Die Qualität der ESR-Spektren freier Radikale wird stark von der Reinheit der verwendeten Lösungsmittel beeinflußt. Radikale können mit Verunreinigungen unter Bildung diamagnetischer Produkte reagieren. Dadurch wird der ESR-spektroskopische Nachweis verhindert.

Besonders zu beachten ist der in den Proben gelöste Sauerstoff, der wegen seines Paramagnetismus eine starke Linienverbreiterung verursacht und somit zu einem Verlust an Auflösungsvermögen führt. Die Präparation der Meßproben ist daher unter Inertgas mit sauerstofffreien Lösungsmitteln durchzuführen. Fehlen hierzu geeignete Geräte, so kann der Sauerstoff aus der Meßprobe durch mehrmaliges Einfrieren der Lösung und Abpumpen des Restgases erfolgen.

### *8.1.2. Chemische Methoden zur Radikalerzeugung*

Die älteste Methode zur Darstellung von Radikalanionen ist die Reduktion mit Alkalimetallen unter Luft- und Feuchtigkeitsausschluß. Dieses Verfahren läßt sich auf fast alle aromatischen Kohlenwasserstoffe und eine große Anzahl von Heterocyclen anwenden.

Während bei den meisten Verbindungen ein einmaliger Kontakt mit dem Alkalimetall genügt, benötigen schwer reduzierbare Verbindungen, die unbeständige Radikalanionen bilden, die ständige Anwesenheit des Alkalimetalls. Häufig hat sich auch die Verwendung von Na/K-Legierungen zur Reduktion dieser Verbindungen als günstig erwiesen. Schwer reduzierbare Verbindungen erfordern oft tiefe Temperaturen zur Präparation. Ist zur Darstellung der Radikale eine höhere Alkalimetallkonzentration notwendig, können sich in Abhängigkeit von der entsprechenden Verbindung, des Lösungsmittels und der Temperatur Addukte zwischen dem Metallkation und dem Radikalanion bilden. In den ESR-Spektren wird dies durch eine zusätzliche *hfs*-Wechselwirkung sichtbar.

Leicht reduzierbare Verbindungen, aromatische Ketone, Nitroderivate oder Chinone, lassen sich bereits mit Natriumdithionit und Zink in ihre Anionen überführen.

Eine häufig verwendete Methode zur Darstellung von Radikalkationen ist das Lösen der Substanz in konzentrierter Schwefelsäure bzw. in Nitromethan/Schwefelsäure-Gemischen. Auf diese Art und Weise können benzkondensierte Aromaten und einige Heterocyclen oxydiert werden. Die tieffarbigen Lösungen enthalten neben diamagnetischen Protonenaddukten die Radikalkationen in geringer Konzentration.

Entsprechend der chemischen Problemstellung lassen sich noch zahlreiche andere Oxydationsmittel zur Erzeugung von Radikalkationen verwenden [63], auf die jedoch nicht näher eingegangen werden soll.

Die so erzeugten Radikale müssen eine größere Lebensdauer besitzen als die Zeit, die für das ESR-Experiment benötigt wird ($>$ 10 min).

### 8.1.3. *Elektrochemische Erzeugung von Radikalen*

Die Erzeugung von Radikalionen — meist Radikalanionen — durch elektrolytische Methoden wird seit 1960 in der ESR-Spektroskopie praktiziert. Diese Methode findet eine breite Anwendung, weil sie über viele Vorteile gegenüber der chemischen Darstellung von Radikalen verfügt:

- Die Erzeugung der Radikale erfolgt kontinuierlich in einer Elektrolysezelle im Resonator. So wird für kurzlebige Spezies eine genügend hohe und gleichbleibende Konzentration erreicht.
- Die Redoxreaktionen erfolgen bei einem definierten Potential. Weitere Reaktionsschritte, wie die Reduktion zum Dianion, sind nicht möglich.
- Da in relativ polaren Lösungsmitteln (DMF, Acetonitril, DMSO) gearbeitet wird, kann das Radikalion nicht mit seinem Gegenion assoziieren. Man erhält einfachere Spektren.

– Elektrochemisch können aus Verbindungen Radikale erzeugt werden, die durch chemische Reaktionen nicht darstellbar sind (z. B. Halogenkohlenwasserstoffe, die durch Alkalimetalle nicht zum Anion reduziert werden).

Für die Redoxreaktionen ist unterschiedliches Elektrodenmaterial (z. B. Quecksilber, Platin) einsetzbar. Als Leitelektrolyt dienen Tetra-alkylammoniumperchlorate.

### *8.1.4. Darstellung von Radikalen durch Bestrahlung*

Unter Verwendung entsprechender Strahlung (z. B. UV-, X-, $\beta$- oder Neutronenstrahlung) können aus fast allen Verbindungen Radikale erzeugt werden. Da bei Bestrahlung von Flüssigkeiten meist kurzlebige Radikale entstehen, ist es erforderlich, die Probe auch während der Messung zu bestrahlen, um eine genügend hohe Radikalkonzentration zu erreichen. Durch Bestrahlung von festen Proben, z. B. Polymeren, Einkristallen oder Festkörperoberflächen, können die Radikale stabilisiert werden. Die Stabilisierung erfolgt durch den Käfigeffekt des Wirtsgitters, der die Diffusion der Radikale hemmt. Die Lebensdauer der Radikale im Festkörper ist von dessen Gitterstruktur, der Größe der Radikale und der Temperatur abhängig. So sind „kleine" Radikale, wie ·OH oder ·H, im Festkörper erst bei Temperaturen zwischen 77 und 4 K nachweisbar.

### *8.1.5. Spezielle Methoden zur Erzeugung und zum Nachweis kurzlebiger Radikale*

Kurzlebige Radikale, die im Verlauf chemischer Reaktionen gebildet werden, können in einem Durchflußsystem oder mit Hilfe der „stopped-flow"-Technik nachgewiesen werden. Während im Durchflußsystem („continuous flow") die Radikale in einer gleichbleibenden Konzentration erzeugt werden, ist mit Hilfe der „stopped-flow"-Technik die Aufnahme zeitaufgelöster ESR-Spektren und damit auch der Zugang zu kinetischen Daten für Reaktionen im ms-Bereich möglich.

In neuerer Zeit wird zur Untersuchung kurzlebiger Radikalspezies im verstärkten Maße die „Chemisch Induzierte Dynamische Elektronenpolarisation" (= *CIDEP*) angewendet. CIDEP beschreibt die Effekte, die als Störungen in den Intensitätsverteilungen der ESR-Spektren von chemisch reagierenden Systemen auftreten [64]. Mit dieser apparativ sehr aufwendigen Methode, können Radikale mit einer Lebensdauer, die im $\mu$s-Bereich liegt, nachgewiesen werden.

### *8.1.5.1. Das Durchflußsystem*

Kurzlebige Radikale sind ESR-spektroskopisch nachweisbar, wenn die Reaktionspartner kurz vor dem Resonator zusammengeführt werden und den Resonator schnell durchströmen (Abb. 54). Nach der Mischung entsteht in der Abflußrichtung ein Konzentrationsgefälle, das von der Lebensdauer der Radikale und der

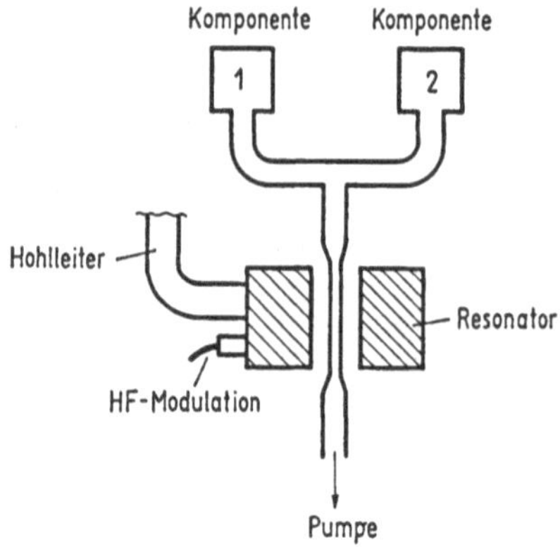


Abb. 54. Durchflußzelle im Resonator

Durchflußgeschwindigkeit abhängt. Durch vertikales Verschieben der Meßzelle im Resonator ist es möglich, einerseits die optimale Radikalkonzentration zu wählen und andererseits die Lebensdauer der Radikale zu bestimmen.

Durch Anwendung einer Durchflußeinrichtung werden auch aliphatische Radikale dem ESR-Experiment zugänglich. Diese Radikale erhält man, wenn z. B. die im Redoxsystem

$$Ti^{3+} + H_2O_2 \rightleftharpoons Ti^{4+} + {}^{\bullet}OH + OH^-$$

entstehenden ·OH-Radikale mit aliphatischen Molekülen reagieren. Komponente 1 (Abb. 54) würde in diesem Beispiel eine $H_2O_2$-Lösung und Komponente 2 die Lösung der organischen Substanz und $TiCl_3$ enthalten. Die Reaktion erfolgt im sauren Medium.

### *8.1.5.2. Die „stopped-flow"-Methode*

In Analogie zur Durchflußmethode werden die gelösten oder flüssigen Reaktionspartner in einer Reaktionskammer schnell gemischt und strömen in die ESR-Meßzelle. Ein Ventil unterbricht den Lösungsmittelstrom plötzlich. Das ESR-Spektrum kann nun mit einer „rapid-scan"-Einrichtung registriert werden. Um das Signal-Rausch-Verhältnis zu verbessern, ist eine Signalakkumulation möglich.

Ohne „rapid-scan"-Einrichtung können mit dem „freezequenching"-Verfahren ESR-Spektren kurzlebiger Radikalspezies erhalten werden. Hierzu ist es notwendig, die Reaktionspartner nach ihrer Mischung sehr schnell in eine Kühlflüssigkeit zu bringen. In dieser muß das Reaktionsgemisch in einer Zeit erstarren, die kürzer als die Zerfallszeit der Radikalspezies ist. Von diesen matrixstabilisierten Spezies können mit den gebräuchlichen Magnetfeld-„scan"-Zeiten ESR-Spektren registriert werden.

Die Kombination der „stopped-flow"-Technik mit der ESR bietet die Möglichkeit, den zeitlichen Verlauf chemischer Reaktionen, an denen paramagnetische Spezies beteiligt sind, zu verfolgen. Hierzu wird das Magnetfeld auf ein ESR-Signal der entsprechenden paramagnetischen Verbindung gestellt und dieses Signal in Abhängigkeit von der Zeit registriert. Aus den erhaltenen Intensitäts-(Konzentrations-)Zeit-Kurven können Halbwertszeiten und Geschwindigkeitskonstanten ermittelt werden.

## *8.2. ESR-Untersuchungen in Lösungen — π-Radikale*

ESR-Untersuchungen in Lösungen sind solche Radikale zugänglich, die über eine längere Lebensdauer verfügen oder kontinuierlich erzeugt werden können. Aufgrund ihrer Elektronenstruktur gehören die meisten langlebigen Radikale zu den $\pi$-Radikalen. Sie besitzen ein mehr oder weniger ausgedehntes $\pi$-Elektronensystem. Ihre ESR-Spektren sind bei einer geringen Gesamtaufspaltung durch sehr kleine Linienbreiten und eine große Linienzahl gekennzeichnet. In Analogie zur NMR wird dieses Teilgebiet der ESR auch als „hochauflösende ESR" bezeichnet.

Die Auswertung der Spektren ist durch die Analyse der *hfs* geprägt, die Aussagen über die Struktur der Radikale und den Verlauf chemischer Reaktionen ermöglicht. Intramolekulare Prozesse können durch Aufnahme der Temperaturabhängigkeit der Spektren verfolgt werden.

### 8.2.1. *Einfache Hyperfeinstrukturen*

Einfache ESR-Spektren sind immer dann zu erwarten, wenn Radikale kleiner Moleküle mit wenigen magnetisch aktiven Kernen und hoher Symmetrie vorliegen. Grundlage für die Analyse der *hfs* sind die im Abschn. 2.4. gegebenen Regeln, mit denen sich aus der Anordnung und den Intensitäten der *hfs*-Linien die Kopplungskonstanten ermitteln lassen.

Beispiel 1 [65]:

Abbildung 55 zeigt das ESR-Spektrum des Tetracyanoethylen-Radikalanions, das durch Reaktion mit Iodid darstellbar ist. Durch die Wechselwirkung des ungepaarten Elektrons mit vier äquivalenten $^{14}N$-Kernen $(I(^{14}N) = 1)$ entstehen 9 *hfs*-Linien mit dem Intensitätsverhältnis 1:4:10:16:19:16:10:4:1.

Wird das ESR-Spektrum des Tetracyanoethylen-Radikalanions mit sehr hohen Verstärkungen aufgenommen, so erscheinen weitere Signale. Sie entstehen durch die Wechselwirkung des ungepaarten Elektrons mit $^{13}C$- und $^{15}N$-Kernen, die in geringer natürlicher Häufigkeit vorliegen (s. Tab. 1, S. 19). Deshalb ist es bei der Interpretation der Spektren erforderlich, nur solche Moleküle zu berücksichtigen, die jeweils nur einen $^{13}C$-Kern in den CN-Gruppen bzw. in dem $>C=C<$-Bindungsfragment und einen $^{15}N$-Kern enthalten. Daher ist jede Hauptlinie des Spektrums von drei Signaldubletts geringer Intensität umgeben. Bedingt durch Linienüberlagerungen im Zentrum des Spektrums können jedoch nicht alle Linien beobachtet werden.

Die Intensität der Dubletts ergibt sich aus folgender Überlegung. Im Tetracyanoethylenradikal existieren vier äquivalent gebundene Stickstoffatome. Somit ist die Wahrscheinlichkeit, ein $^{15}N$-Isotop im Molekül zu finden, viermal gegeben. Die natürliche Häufigkeit von 0,37% muß daher mit „vier" multipliziert werden.

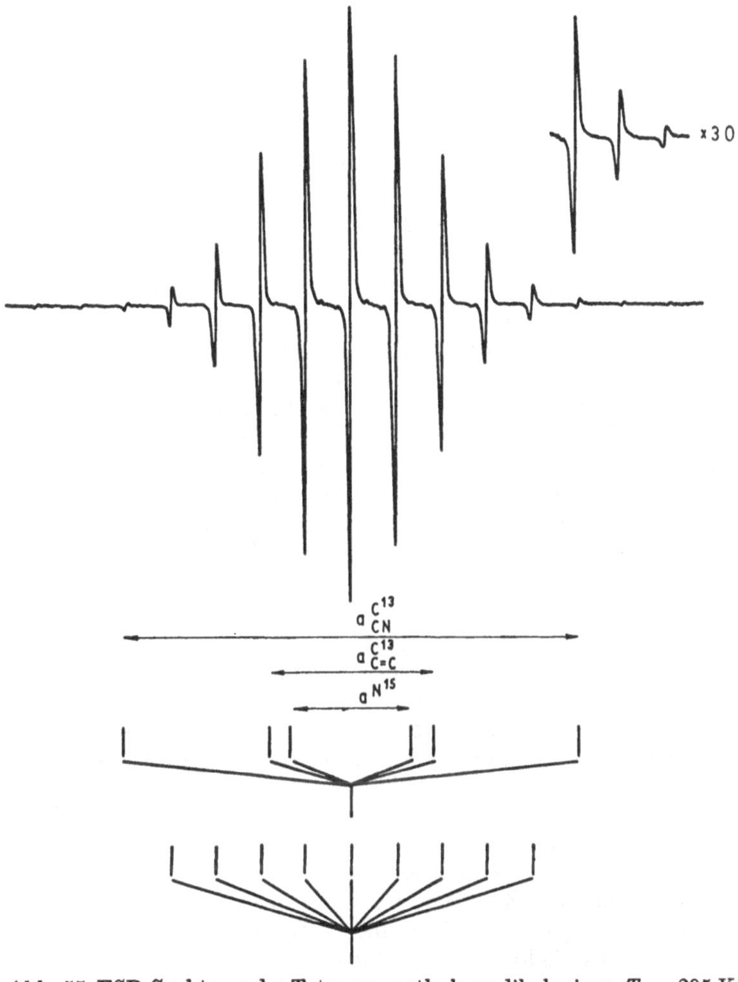


Abb. 55. ESR-Spektrum des Tetracyanoethylenradikalanions, $T = 295$ K: $a_0(^{14}N) = 0{,}16$, $a_0(^{15}N) = 0{,}225$, $a_0^C(CN) = 0{,}947$, $a_0^C(C{=}C) = 0{,}292$ mT [65]

Die hieraus resultierenden 1,48% verteilen sich aufgrund des Kernspins $I(^{15}N) = 1/2$ auf zwei Linien. Damit beträgt die Intensität einer Satellitenlinie 0,74% bezogen auf die entsprechende Hauptlinie.

Die gleiche Betrachtung kann auf die $^{13}$C-*hfs* der CN-Gruppen übertragen werden. Mit einer natürlichen Häufigkeit von 1,11% ergibt sich die Intensität der Satellitenlinien zu 2,22%. Die Dublett-Linien, die durch die $^{13}$C-Kerne des $>C{=}C<$-Fragmentes hervorgerufen werden, das zwei äquivalente C-Atome enthält, haben eine Intensität von 1,11% bezogen auf die zugehörige Hauptlinie. Über diese Intensitätsauswertung erfolgt die Zuordnung der Signale und der Kopplungskonstanten. Letztere ergeben sich aus dem Abstand der zum jeweiligen Dublett gehörenden Linien oder aus dem doppelten Abstand zur Hauptlinie.

Der Nachweis der $^{13}$C- und $^{15}$N-*hfs*-Wechselwirkung oder anderer *hfs*-Wechselwirkungen mit magnetisch aktiven Kernen geringer natürlicher Häufigkeit ist meistens nur in den ESR-Spektren einfacher Radikale mit wenig Linienüberlagerungen und einem günstigen Signal-Rausch-Verhältnis möglich.

Beispiel 2:

Abbildung 56 zeigt das Spektrum des Tiron-Radikals. Dieses Semichinonradikal ist die Indikatorsubstanz bei der katalytischen Bestimmung von Metallspuren mit der Tiron-$H_2O_2$-Reaktion. Das ESR-Spektrum des Tiron-Radikals kann während der katalytischen Reaktion bei genügend hoher Reaktantkonzentration, aber auch nach anodischer Oxydation des Tirons an einer Platinelektrode erhalten werden [66]. Es besteht aus vier Signalen gleicher Intensität, die durch die Wechselwirkung des ungepaarten Elektrons mit zwei nichtäquivalenten Protonen entstehen.

Eine eindeutige Zuordnung der Kopplungskonstanten wie im vorangegangenen Beispiel ist hier nicht ohne weiteres möglich. Sie ergibt sich jedoch durch einen Vergleich mit ESR-Spektren verschiedenartig substituierter Semichinonderivate.

### 8.2.2. *Komplizierte Hyperfeinstrukturen und zufällige Entartung*

Je mehr Linien ein Radikalspektrum aufweist, um so mehr Überlagerungen können vorkommen. Oft führt die Überlagerung von Linien dazu, daß sie als eine einzige Linie erscheinen. Die

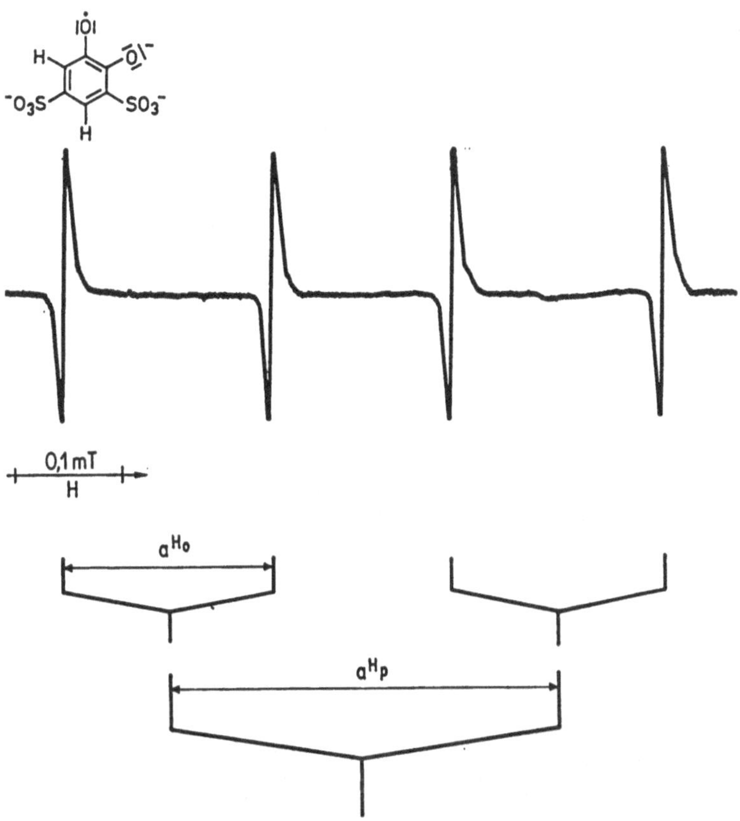


Abb. 56. ESR-Spektrum des Tironradikals ($T$ = 295 K, Lsm.: $H_2O$, pH 8), dargestellt durch anodische Oxydation: $a(H_0) = 0{,}193$, $a(H_p) = 0{,}361$ mT

Intensität dieser Linie ist ungefähr gleich der Summe der Intensitäten der einzelnen Signale. Solche Überlagerungen treten meistens auf, wenn die Kopplungskonstanten durch einfache ganze Zahlen miteinander verknüpft sind. Sie werden als zufällige Entartungen bezeichnet. Sie gelten in den Grenzen der erzielten Auflösung und können immer dann vermutet werden, wenn die Linienzahl des Spektrums kleiner als erwartet ist und die Intensitäten der Signale nicht mit den üblichen Regeln erklärbar sind. Die auftretenden Komplikationen sind am Spektrum des Benzo-1,2,3-dithiazolylradikals [67] (Abb. 57) erkennbar.

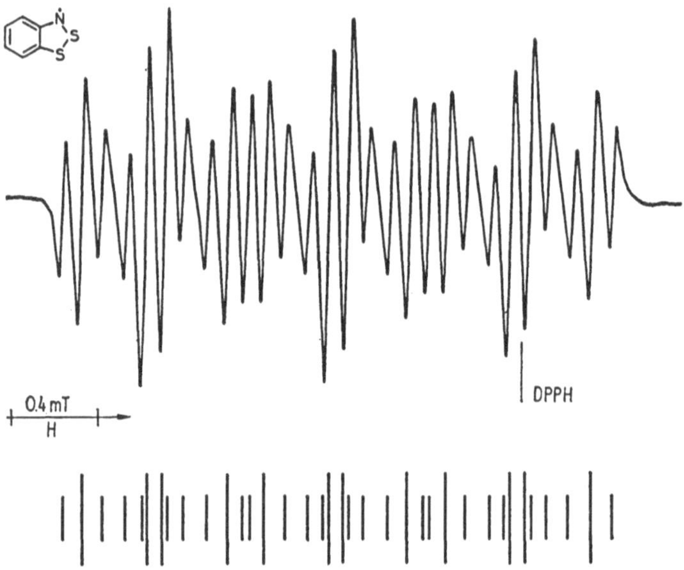
N
S
S
DPPH
0,4 mT
H

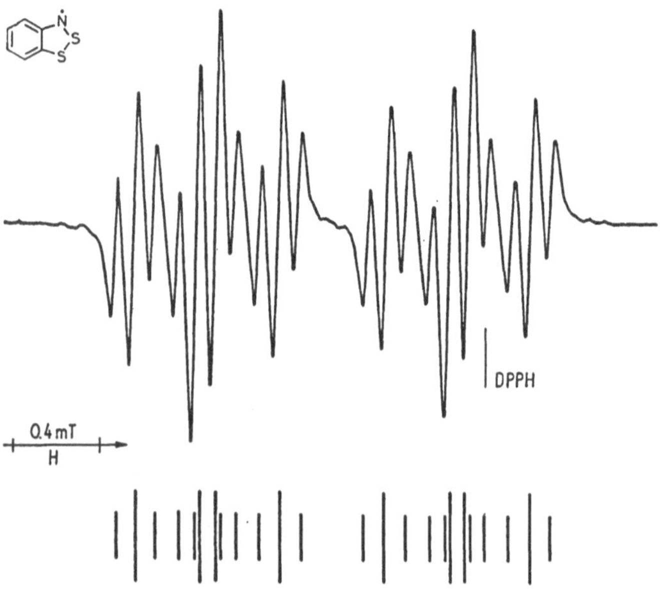
N
S
S
DPPH
0,4 mT
H

Bei der Rekonstruktion eines komplizierten Spektrums ist es günstig, entweder von den intensivsten und gut erkennbaren Linien oder von den äußersten Linien des Spektrums auszugehen. Die *hfs* kann dann als aufgeklärt betrachtet werden, wenn die Linienpositionen und -intensitäten des berechneten Spektrums mit dem experimentellen Spektrum übereinstimmen, so wie in Abb. 59 dargestellt. Besser als die Rekonstruktion des Spektrums als Strichspektrum ist die vollständige Spektrensimulation, die mit einfachen Rechenprogrammen unter Verwendung der LORENTZschen oder GAUSSschen Linienform realisiert werden kann.

### *8.2.3. Zuordnung der Kopplungskonstanten*

Treten in den ESR-Spektren ähnliche Hyperfeinstrukturen auf, die durch die gleiche Anzahl äquivalenter Kerne mit dem gleichen Kernspin hervorgerufen werden, so ist die Zuordnung der Kopplungskonstanten nicht ohne weiteres möglich. Eine häufig gebrauchte Methode der Zuordnung ist die gezielte Deuterierung. Während sich die Elektronenstruktur eines Radikals beim Ersatz eines Protons durch ein Deuteron kaum ändert, beeinflußt dieser Austausch das ESR-Spektrum wesentlich. Da das Deuteron den Kernspin $I = 1$ und einen Kern-$g$-Faktor von $g_N(\mathrm{D}) = 0{,}8574$ gegenüber $g_N(\mathrm{H}) = 5{,}5854$ besitzt, vergrößert sich die Anzahl der Linien des ESR-Spektrums bei gleichzeitiger Abnahme der Gesamtaufspaltung. Dies veranschaulicht das in Abb. 58 gezeigte Aufspaltungsschema. Gelingt eine gezielte Deuterierung, so ist durch den Vergleich der ursprünglichen mit der deuterierten Probe eine Zuordnung der Kopplungskonstanten möglich.

Von großem Nutzen zur Aufklärung komplizierter ESR-Spektren stickstoffhaltiger Radikale kann die Markierung mit dem Isotop $^{15}$N sein. Aufgrund des Kernspins von $I(^{15}\mathrm{N}) = 1/2$ ver-

Abb. 57. ESR-Spektrum des Benzo-1,2,3-dithiazolylradikals

a) mit $^{15}$N in natürl. Häufigkeit,

b) mit $^{15}$N markiert.

Die Strichspektren wurden mit den Kopplungskonstanten $a(^{14}\mathrm{N}) = 0{,}813$, $a^{\mathrm{H}_4} = 0{,}286$, $a^{\mathrm{H}_5} = 0{,}095$, $a^{\mathrm{H}_6} = 0{,}362$, $a^{\mathrm{H}_7} = 0{,}085$ sowie $a(^{15}\mathrm{N}) = 1{,}135$, $a^{\mathrm{H}_4} = 0{,}283$, $a^{\mathrm{H}_5} = 0{,}095$, $a^{\mathrm{H}_6} = 0{,}386$ und $a^{\mathrm{H}_7} = 0{,}085$ mT konstruiert [67]

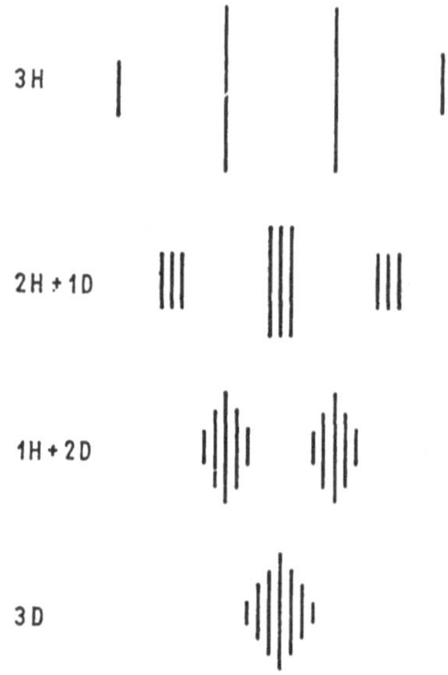


Abb. 58. Änderung der *hfs* durch schrittweisen Ersatz der Protonen durch Deuteronen

einfachen sich die ESR-Spektren und die Zuordnung der Liniengruppen wird erleichtert (s. Abb. 57b).

Zuweilen sind spezielle Markierungen erforderlich. Zur Klärung der Frage, ob bei der Reaktion (147) Radikale vom Typ (*V*) oder (*VI*) entstehen, mußten diese Verbindungen in $^{33}$S-angereicherter Form untersucht werden ($^{33}$S, $I = 3/2$) [67].

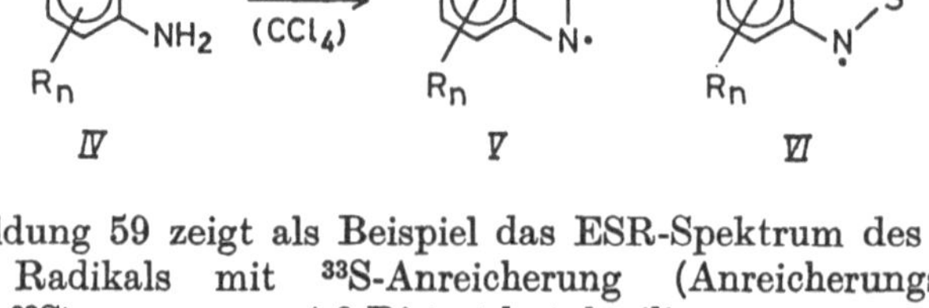


(147)

Abbildung 59 zeigt als Beispiel das ESR-Spektrum des gebildeten Radikals mit $^{33}$S-Anreicherung (Anreicherungsgrad: 92,25% $^{33}$S), wenn vom 4,6-Di-tert-butylanilin ausgegangen wird. Das Spektrum weist eindeutig aus, daß bei der Reaktion das 4,6-Di-tert-butyl-benzo-1,2,3-dithiazolyl-Radikal (Strukturtyp (*VI*)) entstanden ist. Beide $^{33}$S-Atome im heterocyclischen

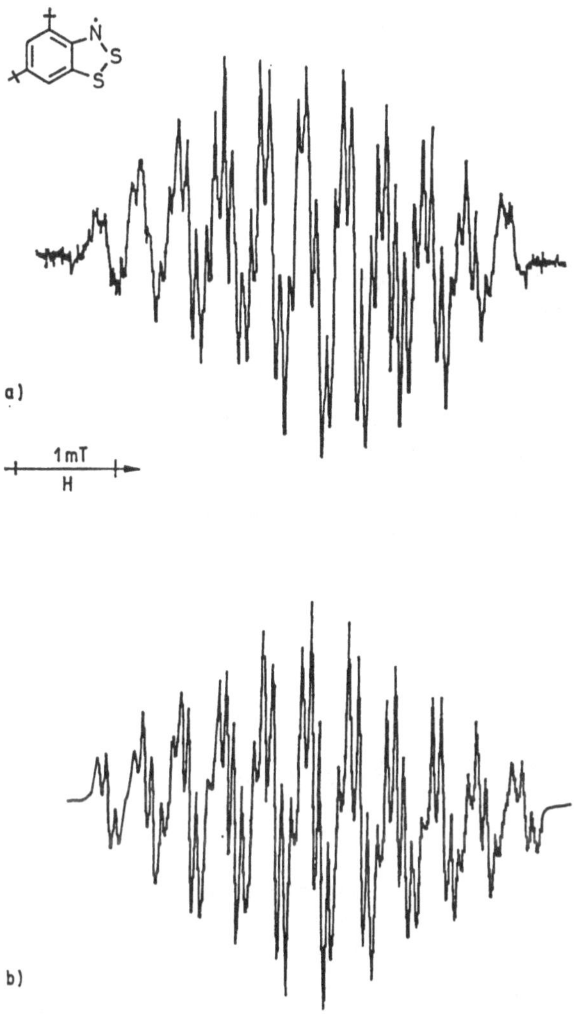


Abb. 59. Experimentelles (a) und computersimuliertes (b) ESR-Spektrum des 4,6-Di-tert-butyl-benzo-1,2,3-dithiazolylradikals, angereichert mit $^{33}S$ zu 92,3% [67]

Fünfring sind magnetisch nicht äquivalent. Eine Spektrensimulation ergibt folgende Werte:

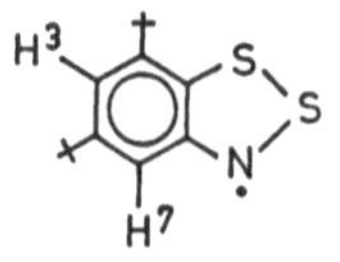


VII

$g_0 = 2{,}0076$, $a_0(^{14}N) = 0{,}813$ mT
$a_0(H^5) = 0{,}095$ mT, $a_0(H^7) = 0{,}075$ mT
$a_0(S^1) = 0{,}451$ mT, $a_0(S^2) = 0{,}373$ mT.

Die Verwendung verschiedener Isotope zur Zuordnung der Kopplungskonstanten ist oft präparativ sehr aufwendig oder überhaupt nicht möglich. Als Ausweg, der in vielen Fällen gangbar ist, kann der Vergleich der Spektrenparameter strukturell verwandter Radikale dienen.

Ein weiteres, häufig angewendetes Verfahren zur Zuordnung von Kopplungskonstanten bedient sich MO-theoretischer Methoden. Aus der Berechnung der Spindichten kann unmittelbar auf die Größe der Kopplungskonstanten geschlossen werden (s. Abschn. 8.2.4.). Die Zuverlässigkeit dieses Verfahrens ist von den Näherungen der MO-Methode abhängig und nur sicher, wenn die Unterschiede in den entsprechenden Kopplungskonstanten relativ groß sind.

## 8.2.4. *Theoretische Grundlagen der isotropen hfs in π-Radikalen*

### 8.2.4.1. *Hfs-Wechselwirkung mit α-Protonen*

Die isotrope Kopplungskonstante ist direkt proportional der Spindichte „$p$" am Ort des entsprechenden Kerns. Als Spindichte wird die Differenz zweier Elektronendichten bezeichnet, die sich aus den Beiträgen von Elektronen verschiedener Spinquantenzahlen $M_s$ zusammensetzen (α- und β-Elektronen):

$$p = q_\alpha - q_\beta. \tag{148}$$

$q_\alpha$ – Dichte der Elektronen mit $M_s = +1/2$ (α, ↑), $q_\beta$ – Dichte der Elektronen mit $M_s = -1/2$ (β, ↓)

Nach Gl. (148) ist in diamagnetischen Systemen die Spindichte $p$ an allen Orten gleich Null, während sie im paramagnetischen System mit einem ungepaarten Elektron in einem MO nicht überall verschwinden kann. Da für das ungepaarte Elektron die Einstellung $M_s = +1/2$ „favorisiert" ist, sollte $p$ nur positive Werte annehmen. Es sind jedoch, wie im weiteren gezeigt wird, auch negative Werte möglich.

In einem aromatischen oder aliphatischen Radikal besetzt das ungepaarte Elektron ein $\pi$- bzw. ein $2p_z$-Orbital der $sp^2$-hybridisierten Kohlenstoffatome. Da die Wasserstoffatome oder andere, $\sigma$-gebundene Substituenten in der Knotenebene der $\pi$- oder $p_z$-Orbitale liegen, in der die Spindichte Null ist, dürfte keine

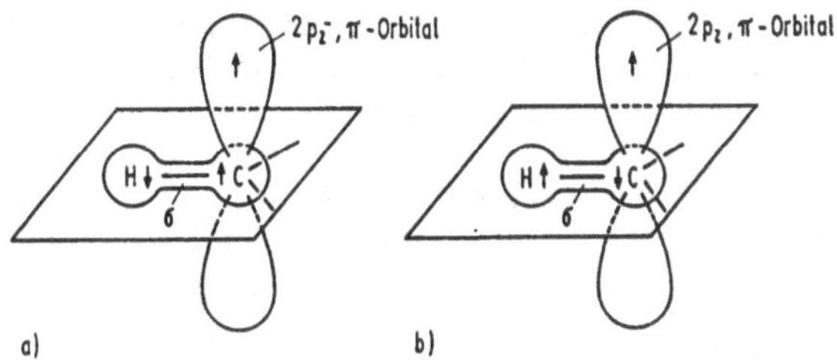


Abb. 60. C—H-Fragment eines aromatischen oder aliphatischen $\pi$-Radikals

*hfs* in den ESR-Spektren auftreten. Dennoch wird eine *hfs* in den Spektren beobachtet. Sie entsteht durch die Wechselwirkung des ungepaarten Elektrons mit den $\sigma$-Elektronen, die in der Knotenebene die Bindung zum jeweiligen Partneratom realisieren. Abbildung 60 zeigt ein C—H-Fragment, an dem diese Wechselwirkung verdeutlicht werden soll.

Befindet sich je eines der beiden $\sigma$-Elektronen in der Nähe des Kohlenstoff- und des Wasserstoffkerns, so sind zwei Anordnungen der Spins möglich. In Abb. 60a hat das $\sigma$-Elektron in der Nähe des Kohlenstoffs die gleiche Spinquantenzahl $M_s$ wie das ungepaarte Elektron im $2p_z$- oder $\pi$-Orbital. Diese Anordnung entspricht einem Gesamtspin von $S = 1$ am Kohlenstoff. Demgegenüber ist in Abb. 60b der Gesamtspin $S = 0$, weil das $2p_z$- oder $\pi$-Elektron und das $\sigma$-Elektron in der Nähe des Kohlenstoffs einen antiparallelen Spin besitzen. Für die gleiche Orbital-Besetzung und verschiedene Spinkonfigurationen eines Atoms gilt die Hundsche Regel, nach der die Konfiguration energetisch bevorzugt wird, welche die höchste Spin-Multiplizität aufweist. Damit wird die Triplett-Konfiguration am Kohlenstoff gegenüber der Singulett-Konfiguration begünstigt und ist etwas häufiger anzutreffen. Am Kohlenstoff besteht ein geringer Überschuß an Dichte der

$\sigma$-Elektronen mit $M_s = +1/2$. Da die Spins der $\sigma$-Elektronen des C—H-Fragments antiparallel gerichtet sind, liegt in der Nähe des Wasserstoffatoms ein gleich großer Überschuß an Dichte der $\sigma$-Elektronen mit $M_s = -1/2$ vor. Deshalb wird am Ort des Protons eine geringe Spindichte „$p$" polarisiert, die ein entgegengesetztes, negatives Vorzeichen, verglichen mit der Spindichte im $2p_z$- oder $\pi$-Orbital, aufweist. Der Mechanismus, der für das Zustandekommen der Spindichte im $\sigma$-Orbital verantwortlich ist, wird als „$\sigma$-$\pi$-Spinpolarisation" bezeichnet.

Quantitative Berechnungen ergeben, daß die polarisierte Spindichte ausreicht, um die Kopplungskonstante für das Methylradikal zu erklären, die zu 2,3 mT bestimmt wurde [68].

Gleiches gilt für die Gesamtaufspaltung der Spektren von Radikalen mit $\pi$-Elektronensystemen. Die Gesamtaufspaltung, die sich aus dem Abstand der äußeren Linien des Spektrums ergibt, ist gleich der Summe der Kopplungskonstanten $a_{H_\mu}$ (149):

$$A = \sum_\mu |a_{H_\mu}|. \tag{149}$$

Die Kopplungskonstanten der aromatischen Ringprotonen sind bedeutend kleiner als die der Methylprotonen, weil sich das ungepaarte Elektron nicht nur an einem $sp^2$-hybridisierten C-Atom aufhält. Es ist naheliegend, daß zwischen der Verteilung des ungepaarten Elektrons auf verschiedene Kohlenstoffatome und der Größe der an den entsprechenden Wasserstoffatomen $H_\mu$ oder Substituenten induzierten Spindichte ein Zusammenhang besteht. Eine solche Beziehung kommt in der von McConnell vorgeschlagenen Gl. (150) zum Ausdruck [69]:

$$a_{H_\mu} = Q_{CH} \cdot p_\mu^\pi. \tag{150}$$

Aus (150) folgt, daß die Kopplungskonstante eines Protons $a_{H_\mu}$ zur $\pi$-Spindichte $p_\mu^\pi$ des entsprechenden C-Atoms $C_\mu$ proportional ist. Der Faktor $Q_{CH}$ besitzt in Übereinstimmung mit der MO-Theorie ein negatives Vorzeichen [70]. Sein Betrag liegt zwischen 2 und 3 mT. Ist das ungepaarte Elektron nur an einem C-Atom lokalisiert, so ist $p_\mu^\pi = 1$. Die Kopplungskonstante ist dann identisch mit $Q_{CH}$. In $\pi$-MO's von Radikalen, die mehrere $sp^2$-hybridisierte Zentren enthalten und aus Linearkombinationen von $p_z$-Orbitalen bestehen, gilt

$$\sum_\mu p_\mu^\pi = 1. \tag{151}$$

$p_\mu^\pi$ ist durch das Quadrat des Koeffizienten des Zentrums (C-Atoms) $\mu$ im MO $j$ „$c_{j\mu}^2$" gegeben.

In einigen Radikalen treten größere *hfs*-Aufspaltungen, als theoretisch erlaubt, auf. Sie können durch das Auftreten negativer Spindichten erklärt werden. Da das Vorzeichen der isotropen Kopplungskonstanten aus den ESR-Spektren nicht bestimmbar ist und keinen Einfluß auf die *hfs*-Aufspaltung hat, gelten die Gln. (152a) und (152b):

$$\sum_\mu |p_\mu^\pi| \geqq 1 \tag{152a}$$

$$A = \sum |a_{H_\mu}| = |Q_{CH}| \sum_\mu |p_\mu^\pi| . \tag{152b}$$

Danach wird $A > |Q_{CH}|$, wenn $\sum\limits_\mu |p_\mu^\pi| > 1$ ist.

Der Betrag von $Q_{CH}$ kann experimentell nur für Radikale ermittelt werden, in denen die Verteilung des ungepaarten Elektrons eindeutig ist ($CH_3\cdot$, $p_\mu^\pi = 1$; $C_6H_6^-$, $p_\mu^\pi = 1/6$ usw.). Andernfalls ist eine theoretische Berechnung der $Q_{CH}$-Werte notwendig [63, 118]. Die experimentell bestimmten Parameter variieren zwischen 2,25 und 3,0 mT.

Für alternierende Kohlenwasserstoffe sind die Kopplungskonstanten, die für Radikalanionen und -kationen der gleichen Verbindungen gefunden werden, aufgrund der Gleichverteilung der Spindichte im obersten besetzten und untersten unbesetzten MO ähnlich. Die allgemein beobachteten kleineren *hfs*-Aufspaltungen von Anionenradikalen gegenüber entsprechenden Kationenradikalen lassen eine Ladungsabhängigkeit von $Q_{CH}$ vermuten. Nach Colpa und Bolton [117] ist $Q_{CH}$ von der Überschußladung $\varepsilon$ am $\mu$-ten C-Atom abhängig (153):

$$a_{H_\mu} = (Q + K\varepsilon_\mu)\, p_\mu^\pi . \tag{153}$$

Die Konstanten $Q$ und $K$ wurden empirisch zu $Q = 3{,}12$ mT und $K = 1{,}7$ mT bestimmt.

Tabelle 13 enthält eine Auswahl von Kopplungskonstanten und Spindichten alternierender Kohlenwasserstoff-Radikale.

Die Spindichten von OH- und NH-Protonen können ebenfalls mittels Gl. (150) berechnet werden. Der Parameter $Q$ liegt für OH-Protonen im Bereich von 1,2 bis 1,9 mT; $Q_{NH}$ wird zwischen 3,0 und 3,5 mT gefunden.

Tabelle 13
H-Kopplungskonstanten und Spindichten von Radikalionen ausgewählter alternierender Kohlenwasserstoffe ($a_\mu^\ominus$ — Radikalanion, $a_\mu^\oplus$ — Radikalkation; in mT).

| Kohlenwasserstoff | $\mu$ | $a_\mu^\ominus$ | $a_\mu^\oplus$ | $c_{j\mu}^2$ | Literatur |
|---|---|---|---|---|---|
| 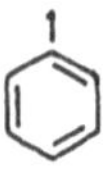 | 1 | 0,375 | | 0,167 | [71] |
| 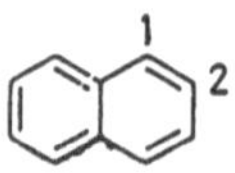 | 1 | 0,495 | | 0,181 | [72] |
| | 2 | 0,183 | | 0,069 | |
| 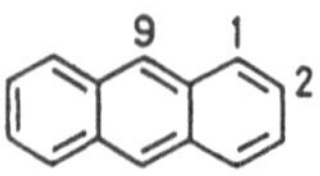 | 1 | 0,274 | 0,306 | 0,097 | [73] |
| | 2 | 0,151 | 0,138 | 0,048 | |
| | 9 | 0,534 | 0,653 | 0,193 | |
| 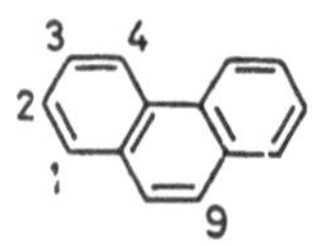 | 1 | 0,360 | | 0,116 | [74] |
| | 2 | 0,032 | | 0,002 | |
| | 3 | 0,288 | | 0,099 | |
| | 4 | 0,072 | | 0,054 | |
| | 9 | 0,432 | | 0,172 | |
| 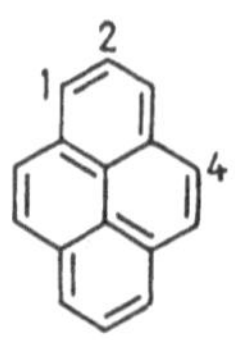 | 1 | 0,475 | 0,538 | 0,136 | [75] |
| | 2 | 0,109 | 0,118 | | |
| | 4 | 0,208 | 0,218 | 0,087 | |
| 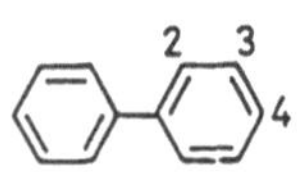 | 2 | 0,273 | | 0,090 | [76] |
| | 3 | 0,043 | | 0,020 | |
| | 4 | 0,546 | | 0,158 | |
|  | 1 | 0,321 | | 0,125 | [77] |

### *8.2.4.2. Hfs-Wechselwirkungen mit β- und γ-Protonen*

Entsprechend ihrer Stellung zum $\pi$-Elektronensystem werden die Protonen bzw. magnetisch aktiven Kerne eines Substituenten mit $\alpha$, $\beta$ oder $\gamma$ usw. bezeichnet (s. Abb. 61).

Die Kopplungskonstanten von $\alpha$- und $\beta$-Protonen in aromatischen und aliphatischen π-Radikalen sind in ihrer Größe vergleichbar. Mit zunehmender Entfernung vom π-Elektronensystem verkleinern sich die Kopplungskonstanten schnell. Die *hfs*-Wechselwirkung mit γ-Protonen ist bereits so klein, daß sie nur in wenigen Fällen aufgelöst wird.

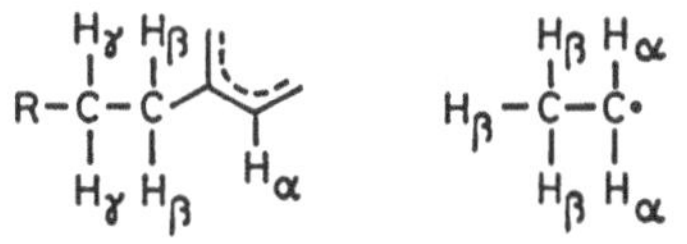

Abb. 61. Kennzeichnung der jeweiligen Stellung der Protonen zum π-Elektronensystem

Zahlreiche Untersuchungen zum Mechanismus, der für das Zustandekommen der β- und γ-Protonen-*hfs* verantwortlich ist, zeigen, daß die σ-π-Spinpolarisation allein nicht ausreicht, um eine entsprechend hohe Spindichte für die β-Position zu erzeugen. Einen weitaus höheren Beitrag zur Spindichte an den β-Protonen liefert die Hyperkonjugation.

In einer zunächst starr zum π-Elektronensystem angeordneten Methylgruppe liegen, bedingt durch die tetraedrische Anordnung der $sp^3$-Hybridorbitale des Methyl-Kohlenstoffatoms, wenigstens zwei Protonen nicht in der „Radikalebene". Diese beiden Protonen können sich in Abhängigkeit von ihrer Lage mehr oder weniger mit dem $p_z$- bzw. π-Orbital, in dem sich das ungepaarte Elektron aufhält, überlagern. Die Spindichte an den Methylprotonen hat das gleiche Vorzeichen wie die am α-Kohlenstoffatom.

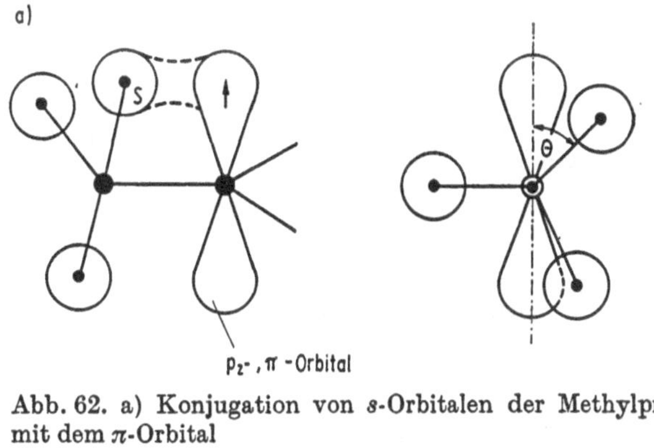


Abb. 62. a) Konjugation von *s*-Orbitalen der Methylprotonen mit dem π-Orbital

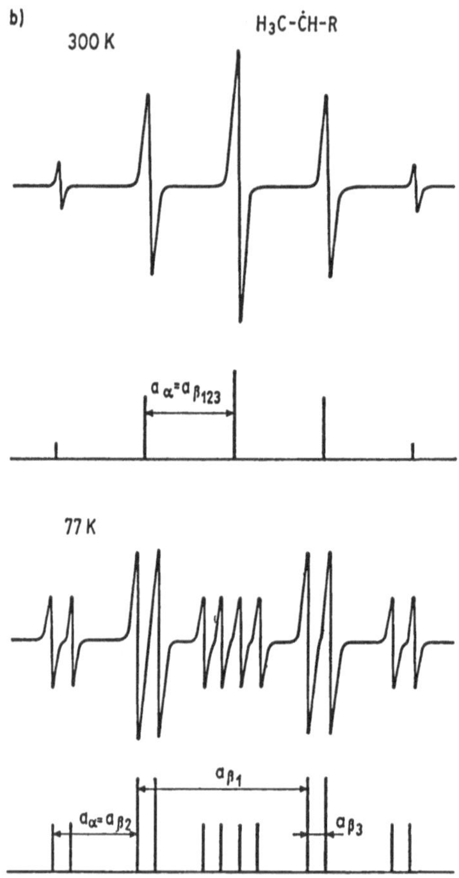


Abb. 62 b) ESR-Spektrum eines $CH_3-\dot{C}H-R$-Radikals bei $T = 300$ (Rotation der $CH_3$-Gruppe möglich) und $T = 77$ K (Rotation „eingefroren“)

Rotiert die Methylgruppe, was in sterisch nicht gehinderten Verbindungen in Lösung der Fall ist, verteilt sich die Spindichte gleichmäßig auf die drei 1s-Orbitale der β-Protonen. Damit gilt Gl. (154):

$$a_{CH_3} = \frac{1}{2} B^{H}_{C-CH_3} p_\alpha \tag{154}$$

$B^{\mathrm{H}}_{\mathrm{C-CH_3}}$ liegt im Bereich von 5,5 bis 6,0 mT. Gleichung (154) wird im allgemeinen bei neutralen Radikalen angewendet.

Ist keine Rotation der $\beta$-Protonen möglich, ist die Größe der $\beta$-Protonen-*hfs* proportional zu $\cos^2 \theta$ (s. Abschn. 8.6.1.2.).

Das Zustandekommen der $\gamma$-Protonen-*hfs* kann auf ähnliche Weise erklärt werden. Der größere Abstand zum $\pi$-Elektronensystem wirkt sich jedoch deutlich auf die Größe dieser Wechselwirkung aus, die selten größer als 0,2 mT ist.

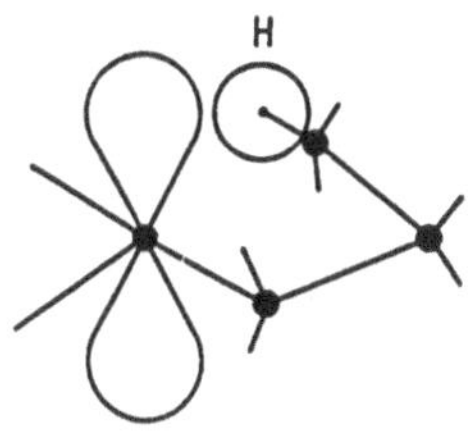


Abb. 63. Sterisch günstige Anordnung für eine „longe-range“ *hfs*

In einigen Fällen konnten auch Wechselwirkungen mit $\delta$- und $\varepsilon$-Protonen aufgelöst werden [78]. Voraussetzung für diese „long-range“-*hfs* ist eine sterisch günstige Anordnung der sie hervorrufenden Protonen zum $p_z$- oder $\pi$-Orbital des ungepaarten Elektrons (s. Abb. 63).

### 8.2.4.3. *Hfs-Wechselwirkung mit dem „Zentralatom“*

Analog zu den Mechanismen, die für die Protonen-*hfs* verantwortlich sind, kann die isotrope Kopplung mit $^{13}$C-, $^{14}$N-, $^{15}$N-, $^{33}$S- und anderen Kernen, die sich in „Zentralposition“ befinden, erklärt werden. Jedoch treten hier noch zusätzliche Wechselwirkungen auf. Vor allem sind die $1s$-$\pi$- und die $n$-$\pi$-Spinpolarisation zu berücksichtigen ($n$ = nichtbindende Elektronenpaare) [79]. Ebenso ist es möglich, einfache Beziehungen zwischen den Kopplungskonstanten und der Spindichte herzustellen:

$$a_{\mathrm{X}_\mu} = Q_{\mathrm{X}} p_\mu^\pi + \sum Q_{\mathrm{Y}_\nu} p_\nu^\pi . \tag{155}$$

Gleichung (155) ist eine Näherungsgleichung, deren erster Term die Spindichte am Kohlenstoff- bzw. Heteroatom X darstellt. Der zweite Term enthält Beiträge durch die Zentren $\nu$ an den

Tabelle 14
$^{14}N$, $^{33}S$- und $^{13}C$-*hfs*-Kopplungskonstanten und MO-Koeffizienten $c_\mu^2$ einiger heterocyclischer $\pi$-Radikale [81—84]. Kopplungskonstanten in mT

| Radikalion | $\mu$ | $a_H$ | $a_X$ | $c_\mu^2$ |
|---|---|---|---|---|
| 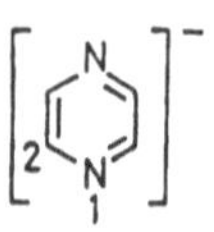 | 1 | | 0,718 | 0,260 |
| | 2 | 0,264 | | 0,120 |
| 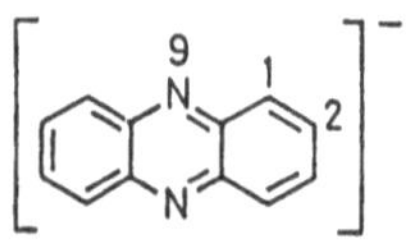 | 1 | 0,193 | | 0,054 |
| | 2 | 0,161 | | 0,049 |
| | 9 | | 0,514 | 0,205 |
| 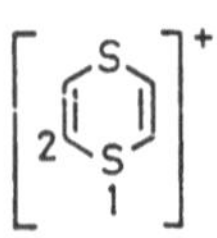 | 1 | | 0,984 | |
| | 2 | 0,280 | | 0,125 |
| 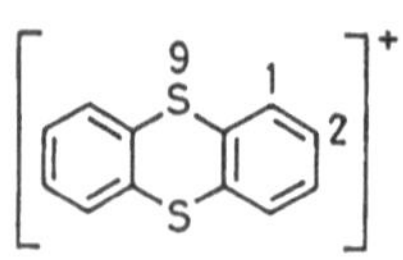 | 1 | 0,05 | | 0,015 |
| | 2 | 0,130 | | 0,044 |
| | 9 | | 0,915 | |
| 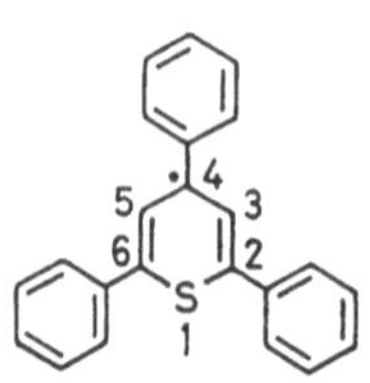 | 1 | | 0,428 | 0,141 |
| | 2, 6 | | 1,02 | 0,237 |
| | 3, 5 | 0,199 | 1,02 | |
| | 4 | | 1,48 | 0,262 |

Nachbaratomen Y. Bei der Berechnung der $^{14}N$-*hfs* ist es aufgrund der Größe dieser Wechselwirkung meistens möglich, den zweiten Term zu vernachlässigen.

Tabelle 14 enthält eine Auswahl von isotropen $^{13}C$-, $^{14}N$-, $^{33}S$-*hfs*-Kopplungskonstanten von $\pi$-Radikalen.

### 8.2.5. Intramolekulare, zeitabhängige Prozesse

Häufig wird bei der Aufnahme von Radikalspektren beobachtet, daß sich die Linienbreiten, die Intensitäten und die Zahl der Signale in Abhängigkeit von der Meßtemperatur ändern. Folgende Mechanismen können zu diesem Verhalten führen:

a) Protonentransfergleichgewichte,
b) Ringinversionen,
c) gehinderte Rotationen, cis-trans-Isomere infolge eingeschränkter Drehbarkeit und
d) intramolekularer Kationenaustausch.

Ein Beispiel sei näher betrachtet: Existiert ein Radikal in zwei gleichwertigen Konformationen mit gleich großer Lebensdauer, so kann die Linienbreite durch Gl. (156) beschrieben werden [80]:

$$T_2^{-1} = 4\pi^2(a_x^{\mathrm{I}} - a_x^{\mathrm{II}})^2 (m_{I(x)}^{\mathrm{I}} - m_{I(x)}^{\mathrm{II}})^2 \frac{\tau}{8}. \qquad (156)$$

$a_x^{\mathrm{I}}$ ist die Kopplungskonstante des Kerns $x$ in der Konformation $I$ und $m_{I(x)}$ die Kernspinquantenzahl des Kerns $x$ in dieser Konformation. $a_x^{\mathrm{II}}$ und $m_{I(x)}^{\mathrm{II}}$ sind die entsprechenden Größen für die Konformation II. $\tau$ entspricht der Zeit zwischen zwei Sprüngen, d. h., zwischen den Konformationswandlungen.

Ist in einem Radikal ein Satz von $n$ äquivalenten Kernen $x_i$ vorhanden, so gilt die Differenz $a_x^{\mathrm{I}} - a_x^{\mathrm{II}}$ für alle Kerne dieses Satzes. Die Spinquantenzahlen sind dann durch die Summen $\sum_{i=1}^{n} m_I^{\mathrm{I}}(x_i)$ und $\sum_{i=1}^{n} m_I^{\mathrm{II}}(x_i)$ zu ersetzen. Die Kernspinquantenzahlen können entsprechend Abschn. 2.4. jeder *hfs*-Linie zugeordnet werden.

Da für ein bestimmtes ESR-Spektrum der erste Klammerausdruck in Gl. (156) konstant ist, hängt die Linienverbreiterung allein von den Spinquantenzahlen $m_I^{\mathrm{I}}(x_i)$ und $m_I^{\mathrm{II}}(x_i)$ ab. In Abb. 64 wird dies für zwei Paare äquivalenter Kerne mit $I = 1/2$ gezeigt. Die Kopplungskonstanten werden beim Konformationsübergang zwischen den Kernen der Paare $A_i$ und $B_i$ ausgetauscht. Es gilt: $a_A^{\mathrm{I}} = a_B^{\mathrm{II}}$ und $a_A^{\mathrm{II}} = a_B^{\mathrm{I}}$. Die größten Verschiebungen und damit auch Linienverbreiterungen erfahren die Komponenten, die beim Konformationswechsel die größten Differenzen

$$\left|\sum_i m_I^{\mathrm{I}}(A_i) - \sum_i m_I^{\mathrm{II}}(A_i)\right| = \left|\sum_i m_I^{\mathrm{I}}(B_i) - \sum_i m_I^{\mathrm{II}}(B_i)\right|$$

aufweisen. Nur die Linien werden verbreitert, deren Lage sich beim Konformationswechsel ändert.

Die Auswertung der ESR-Spektren, in denen diese Linienverbreiterungseffekte auftreten, ist kompliziert und nur durch eine exakte Aufnahme der Temperaturabhängigkeit möglich. Aus der

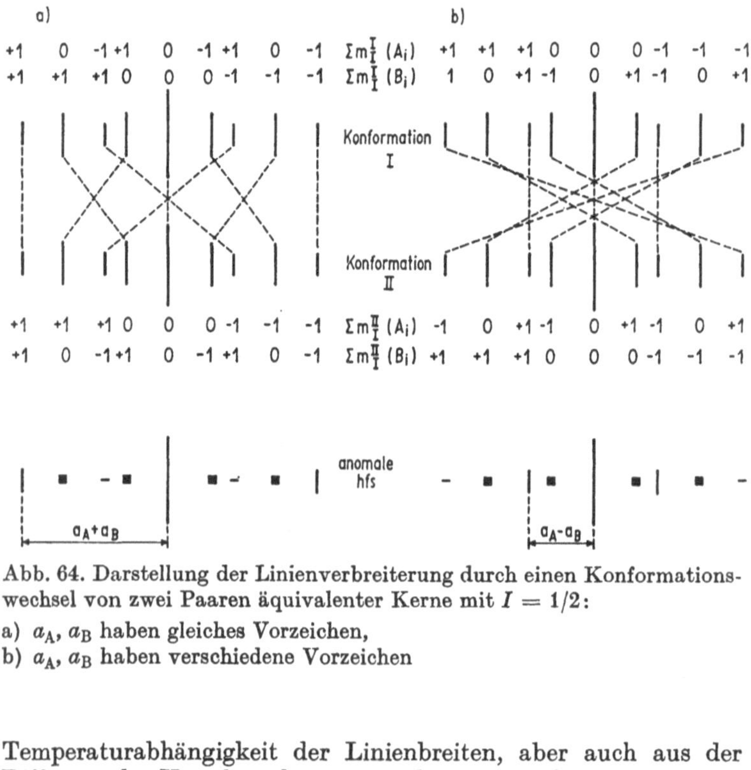


Abb. 64. Darstellung der Linienverbreiterung durch einen Konformationswechsel von zwei Paaren äquivalenter Kerne mit $I = 1/2$:
a) $a_A$, $a_B$ haben gleiches Vorzeichen,
b) $a_A$, $a_B$ haben verschiedene Vorzeichen

Temperaturabhängigkeit der Linienbreiten, aber auch aus der Differenz der Kopplungskonstanten lassen sich die Aktivierungsenergien für die intramolekularen Prozesse ermitteln. Die Geschwindigkeitskonstante für diese Prozesse ist durch Gl. (157) gegeben und wird durch die Sprungzeit $\tau$, die Aktivierungsenergie $\Delta E^{+}$ und die Temperatur bestimmt:

$$k = \frac{1}{\tau} = \frac{1}{\tau_0} \cdot e^{-(\Delta E^{+}/RT)}. \tag{157}$$

Mit Hilfe von Gl. (157) ist es auch ohne Kenntnis der Kopplungskonstanten der Konformeren möglich, graphisch durch Darstellung der Linienbreitenvariation gegen die Temperatur die Aktivierungsenergie zu bestimmen. Oftmals ist jedoch zur exakten Auswertung eine theoretische Berechnung der ESR-Spektren erforderlich (siehe z. B. [85]).

## 8.3. *ESR-Untersuchungen an σ-Radikalen in Lösungen und polykristallinen Proben*

Für die bisher besprochenen π-Radikale ist eine relativ kleine, durch Konfigurationswechselwirkung bewirkte, isotrope Kopplungskonstante mit dem Zentralatom oder mit magnetisch aktiven Kernen in Nachbarstellung charakteristisch. Es gibt jedoch eine größere Anzahl von Radikalen, in denen die isotropen *hfs*-Kopplungskonstanten zwischen 5 und 20 mT liegen. Diese großen isotropen Kopplungskonstanten können nur erklärt werden, wenn das ungepaarte Elektron dieser Radikale ein MO mit großen *s*-Anteilen besetzt. Typische σ-Radikale sind das Acetylen-Radikal, und sein Fluor-Analoges.

Tabelle 15
ESR-Parameter von Fluormethyl-Radikalen, erzeugt durch Bestrahlung in einer Edelgasmatrix ($a^X$ in mT).

| Radikal | $a^H$ | $a^C$ | $a^F$ | $g_0$ |
|---|---|---|---|---|
| $CH_3\cdot$ | 2,30 | 3,85 | – | 2,0026 |
| $CH_2F\cdot$ | 2,11 | 5,48 | 6,43 | 2,0045 |
| $CHF_2\cdot$ | 2,22 | 14,88 | 8,42 | 2,0041 |
| $CF_3\cdot$ | – | 27,16 | 14,24 | 2,0031 |

Bereits 1965 wurden die ESR-Spektren des Mono-, Di- und Trifluormethyl-Radikals, die durch Bestrahlung von $CH_3F$, $CH_2F_2$ bzw. $CHF_3$ in einer Edelgas-Matrix erzeugt wurden, analysiert [86]. Die in Tab. 15 angegebenen ESR-Parameter zeigen durch ein Anwachsen der Kopplungskonstanten $a_0^F$ und besonders $a_0(^{13}C)$ einen vom Fluormethyl- zum Trifluormethyl-Radikal steigenden *s*-Charakter an.

Besonders empfindlich reagieren die $^{13}$C-*hfs*-Kopplungskonstanten auf Abweichungen von der Planarität ($sp^2$-Hybridisierung) am Kohlenstoff. Je größer diese Abweichung, um so größer wird der *s*-Charakter des Orbitals, das durch das ungepaarte Elektron besetzt wird.

Befindet sich das ungepaarte Elektron in einem reinen Kohlenstoff-2*s*-Orbital, so wäre eine isotrope Kopplungskonstante von $\approx$ 119 mT zu erwarten. Durch die nachstehende, einfache Beziehung kann aus den $^{13}$C-*hfs*-Kopplungskonstanten der *s*-Charakter und der Bindungswinkel ermittelt werden:

$$a_0^{\mathrm{C}}(\theta) = a_0^{\mathrm{C}}(0) + 119 \cdot (2 \tan^2 \theta). \tag{158}$$

In Gl. (158) entspricht der Term $2 \tan^2 \theta$ dem *s*-Charakter des Orbitals, in dem sich das ungepaarte Elektron befindet. $\theta$ ist der Winkel zwischen einer Bindung und einer Ebene, die senkrecht zur $C_3$-Achse liegt. Der theoretische Wert für $a_0^{\mathrm{C}}(0)$ beträgt 4,7 mT [87]; mitunter sind niedrigere Werte möglich.

Mit den Kopplungskonstanten aus Tab. 15 und $a_0^{\mathrm{C}}(0) = 3{,}85$ mT ergeben sich:

| | $\theta$ | *s*-Charakter |
|---|---|---|
| $CH_2F\cdot$ | 4,7° | 1,4% |
| $CHF_2\cdot$ | 12,1° | 9,2% |
| $CF_3\cdot$ | 17,4° | 19,6%. |

Für ein $sp^3$-hybridisiertes C-Atom ist $\theta = 19{,}5°$ und der *s*-Charakter beträgt 25%.

Ein weiteres, charakteristisches Merkmal von $\sigma$-Radikalen ist die große *hfs*-Anisotropie, die in kristallinen und polykristallinen Proben beobachtet wird (siehe Abschn. 8.6.2.).

## *8.4. Nachweis kurzlebiger Radikale in Lösungen durch Radikalfänger*

Neben den im Abschn. 8.1.5. beschriebenen Techniken zum Nachweis kurzlebiger Radikale ist das „Spin-Trapping“, das auf der chemischen Stabilisierung der Radikale beruht, ein häufig angewendetes Verfahren. Das Prinzip der Methode besteht darin, kurzlebige Radikale durch Reaktion mit Nitrosoverbindungen oder

Nitronen in stabile Radikale zu überführen [88], die unter geeigneten Bedingungen über Stunden beständig sind:

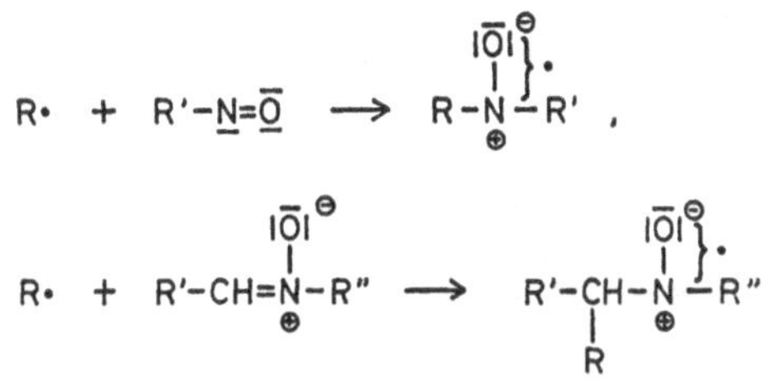

(159)

Die am häufigsten verwendeten und am besten charakterisierten „Spin-Traps" sind Nitrosoduren (*VIII*) [89], 2,4,6-Tri-tert-butyl-nitrosobenzen (*IX*) [90], Phenyl-N-tert-butylnitron (*X*) [91], 2-Methyl-2-nitrosopropan (*XI*) [92] sowie 5.5-Dimethyl-$\Delta^1$-pyrrolin-1-oxid (*XII*) [93].

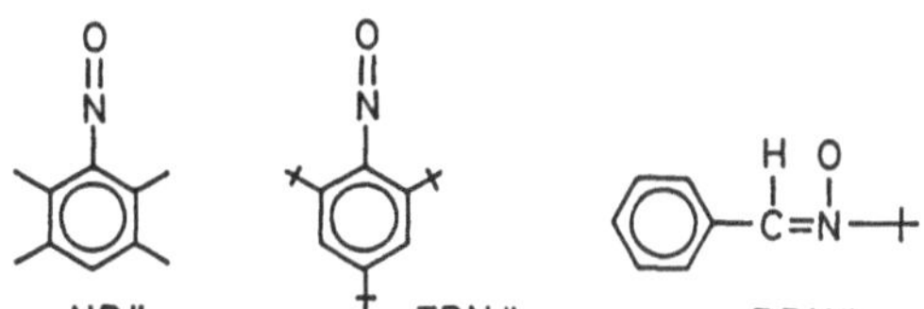

„ND" „TBN" „PBN"

*VIII* *IX* *X*

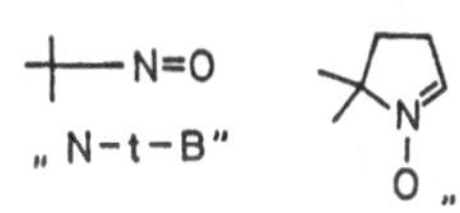

„N-t-B" „DMPO"

*XI* *XII*

Die ESR-Parameter der Spin-Addukte werden in typischer Weise von der Art des addierten Radikals beeinflußt. Die Radikale R· lassen sich durch die Zahl und die Intensitäten der *hfs*-Linien sowie anhand der Größe der Kopplungskonstanten identifizieren. Die Größe der *hfs*-Aufspaltung hängt sowohl von sterischen als auch von elektronischen Faktoren ab. Für Nitrosoduren wurden in Abhängigkeit vom addierten Radikal R· folgende Größenordnungen für die $^{14}$N-*hfs*-Kopplungskonstanten des N—O-Stickstoffs gefunden:

$$\text{Alkoxy} (\approx 2{,}7\ \text{mT}) > \text{Alkyl} (\approx 1{,}4\ \text{mT}) > \text{Aryl} (\approx 1\ \text{mT}) > \text{Acyl} (\approx 0{,}7\ \text{mT}).$$

Tabelle 16 gibt eine Auswahl von *hfs*-Kopplungskonstanten verschiedener Spin-Addukte an Nitrosoduren und Phenyl-N-tert-butylnitron wieder.

Die *g*-Faktoren der Spin-Addukte sind wenig spezifisch in bezug auf das addierte Radikal und werden im allgemeinen nicht zur Identifizierung herangezogen. Eine Ausnahme bilden die Spin-Addukte von Alkylradikalen an 2,4,6-Tri-tert-butylnitrosobenzen. Primäre Alkylradikale ergeben Nitroxidradikale ($g_0 \approx 2{,}0058$), während tertiäre Alkylradikale unter Bildung von Anilinoradikalen reagieren ($g_0 \approx 2{,}0034$). Sekundäre Alkylradikale bilden in Abhängigkeit von ihrer Struktur beide Spin-Addukte:

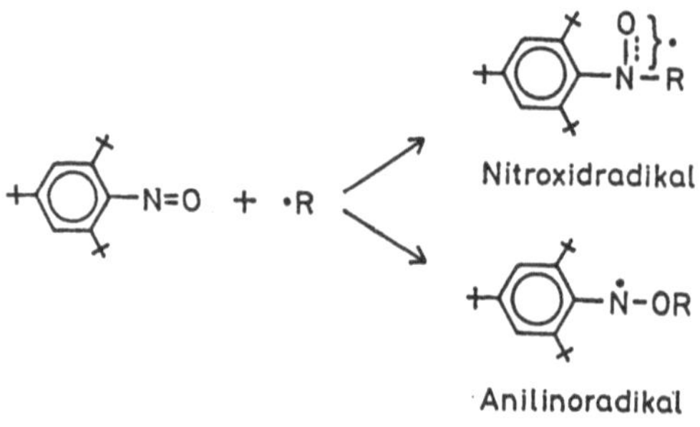


(160)

Abbildung 65 zeigt das ESR-Spektrum des Ethylradikal-Spin-Adduktes an Nitrosoduren. Neben der $^{14}N$- und $^{1}H$-*hfs* sind die $^{13}C$-Satelliten-Linien gut aufgelöst.

Während bei Spin-Addukten von Nitrosoverbindungen die $^{14}N$-*hfs* des Fängers und die *hfs*-Wechselwirkungen mit Protonen sowie anderen magnetisch aktiven Kernen in $\beta$-Stellung zum Nitroxidstickstoff zur Identifizierung der addierten Radikale herangezogen werden kann, dient bei Spin-Addukten von Nitronen im wesentlichen nur die $\beta$-H-*hfs* des Spin-Traps selbst zur Aufklärung der Radikalstruktur.

Die Geschwindigkeit der Radikaladdition ist von der Art des Radikals, aber auch vom Spin-Trap abhängig. Die Bestimmung der Geschwindigkeitskonstanten für die Addition gleicher Radikale an verschiedene Spin-Traps ergibt, daß Nitrosoaromaten trotz der schlechteren Dissoziation in aktive Monomere wesentlich effektivere Spin-Traps als Nitrosoalkane und Nitrone sind. Die einzelnen Spin-Traps unterscheiden sich in ihren Fängereigenschaften und ergänzen sich häufig im Experiment. Tabelle 17

Tabelle 16
*Hfs*-Kopplungskonstanten von Spin-Addukten des Nitrosodurens und Phenyl-N-tert-butylnitrons; Lösungsmittel: Benzen, $a_0^X$ in mT.

| Radikal | Nitrosoduren | | Phenyl-N-tert-butylnitron | |
|---|---|---|---|---|
| | $a_0^N$ | $a_0^H$ | $a_0^N$ | $a_0^H$ |
| $\cdot CH_3$ | 1,370 | 1,217 (3H)[1] | 1,420 | 0,350 (1H) |
| $\cdot C_2H_5$ | 1,368 | 1,097 (2H) | 1,400 | 0,319 (1H) |
| $\cdot CH(CH_3)_2$ | 1,372 | 0,692 (1H) | | |
| $\cdot C_6H_{11}$ | 1,357 | 0,693 (1H) | 1,450 | 0,220 (1H) |
| $\cdot CH_2C_6H_5$ | 1,361 | 0,793 (2H) | 1,388 | 0,244 (1H) |
| $\cdot C_6H_5$ | 1,011 | 0,278 ($3H^{o,p}$)<br>0,095 ($2H^m$) | 1,384 | 0,209 (1H) |
| $\cdot COC_6H_5$ | 0,724 | – | | |
| $\cdot OC(CH_3)_3$ | 2,518 | – | 1,400 | 0,150 (1H) |
| $\cdot CH_2OH$ | 1,391 | 0,771 (2H) | 1,531 | 0,375 (1H) |
| $\cdot H$ | – | – | 1,488 | 0,744 (2H) |

[1]) in Klammern ist die Anzahl äquivalenter Protonen angezeigt

Tabelle 17
Übersicht über einige stabile Spin-Addukte verschiedener Spin-Traps

| Spin-Trap | Radikaltypen |
|---|---|
| Nitroso-aromaten | Alkyl, Aryl, Cyclohexadienyl, Hydroxyalkyl, Halogenalkyl, Alkoxyl |
| Nitroso-alkane | Halogenacyl, Aminyl, Sulfonyl, Tropylium, Alkyl |
| Nitrone | Alkoxyl, Acyloxyl, Alkyl, Peroxyl, Wasserstoff, Halogene, Hydroperoxyl, Hydroxyl, Cyan, P-haltige Radikale |

gibt einen Überblick über die Radikaltypen, die mit verschiedenen Spin-Traps stabile Spin-Addukte bilden.

Neben den in Tab. 17 angegebenen Radikaltypen wurden auch Spin-Addukte von Nitrosoverbindungen mit Übergangsmetallkomplexen (s. Abschn. 6.5.) und „solvatisierten" Elektronen gefunden.

Der Einsatz der „Spin-Trapping"-Methode ist bei unterschiedlichsten chemischen Reaktionen möglich, sofern diese über reaktive radikalische Zwischenprodukte verlaufen. Eine wesentliche Voraussetzung für den Einsatz von Spin-Traps ist jedoch, daß sie trotz ihrer Reaktivität gegenüber den im Reaktionsgemisch vorhandenen Substanzen inert sind und nur mit den paramagne-

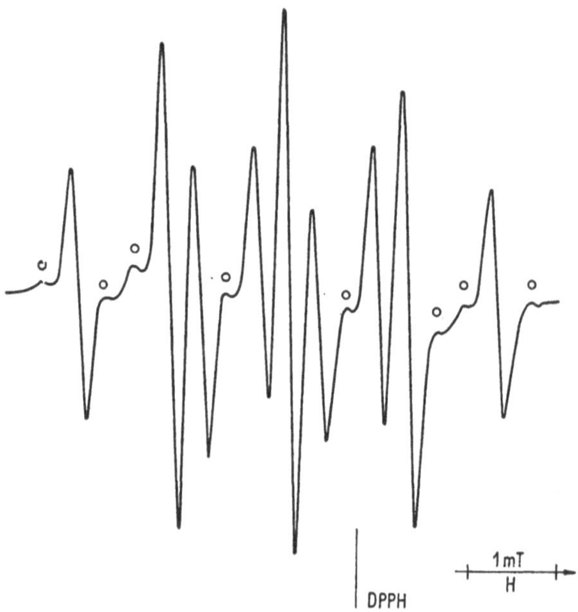


Abb. 65. ESR-Spektrum des Ethylradikal-Spinaddukts an Nitrosoduren, erhalten bei der Reaktion von (dipy)Ni$(C_2H_5)_2$ mit Nitrosoduren (Lsm.: $C_6H_6$, $T = 295$ K).
Die Kreise markieren die $^{13}$C-*hfs*-Satellitenlinien

tischen Zwischenprodukten reagieren. Deshalb sollte der Spin-Trap in geringen Konzentrationen zur Reaktionsmischung gegeben werden. Problematisch ist die Anwendung der Methode in basischen und sauren Reaktionsgemischen. Während Nitrosoalkane in Gegenwart starker Basen zahlreiche Radikalreaktionen eingehen, verbreitern sich die Linien der Spin-Addukte in sauren Medien stark. Nebenreaktionen der Spin-Traps sind vor allem dann zu beachten, wenn sie in photochemischen Reaktionen oder in Reaktionen unter Beteiligung von Organometallkomplexen eingesetzt werden.

## 8.5. *Spinmarkierung*

Die Spinmarkierung — auch „Spinlabeling" genannt — erschließt der ESR-Spektroskopie vor allem in der Biochemie ein weites Anwendungsgebiet bei der Untersuchung von Strukturen und Strukturänderungen von Proteinen, Nucleinsäuren und Membranen. Daneben werden auch Wechselwirkungen von Spin-Markern mit paramagnetischen und diamagnetischen Übergangsmetallchelaten untersucht [94].

Im Unterschied zu dem im Abschn. 8.4. beschriebenen Spin-Trapping-Verfahren zum Nachweis kurzlebiger Radikale werden bei dieser Methode diamagnetische Moleküle mit stabilen Nitroxid-Radikalen markiert [95]. Als Spinmarker kommen u. a. zum Einsatz: [>N—O·]— Derivate des Piperidins (*XIII*), Pyrrolidins (*XIV*), Doxyls (*XV*) und Proxyls (*XVI*):

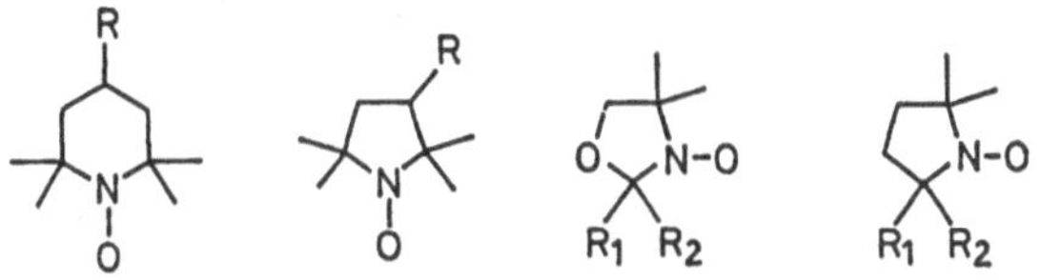

XIII XIV XV XVI

R bezeichnet hierbei immer eine Gruppierung, mit der das Nitroxid an das Substrat „geheftet" wird, z. B. HOOC—$(CH_2)_n$— Die Bindung des Spinmarkers an das entsprechende System kann auf unterschiedlichste Weise erfolgen. Durch Verwendung speziell substituierter Spinmarker ist es möglich, eine kovalente Bindung zum Beispiel an Biopolymere zu erreichen. Ist dagegen der Substituent R hydrophob oder selbst ein Teil eines biologisch wirksamen Moleküls, so können die Nitroxid-Radikale nicht kovalent inkorporiert werden.

Die ESR-Spektren zeigen die für einen $^{14}$N-Kern typische *hfs*. Das ungepaarte Elektron ist überwiegend in einem $2p_z$-Orbital am Stickstoffatom lokalisiert. In der flüssigen Lösung wird die Anisotropie der $^{14}$N-*hfs* und des *g*-Tensors ausgemittelt. Die Mittelung tritt ein, wenn die Rotationskorrelationszeit $\tau^x$ die Beziehung

$$\tau^x \leqslant |A^N_{zz} - A^N_{xx}|^{-1} \triangleq 10\,\text{ns} \tag{161}$$

erfüllt. $\tau^x$ selbst ist durch Gl. (162) definiert:

$$\tau^x = \eta \cdot V/k \cdot T. \tag{162}$$

$\eta$ — Viskosität, $V$ — Rotationsvolumen, $k$ — BOLTZMANN-Konstante, $T$ — Temperatur

Ist $\tau^x$ viel größer als 10 ns, was bei einer kovalenten Bindung des Markers an Makromoleküle, bei viskosen Lösungsmitteln oder niedrigeren Temperaturen eintritt, so werden infolge der nicht mehr ausgemittelten $\tilde{g}$- und $\tilde{A}^{N}$-Anisotropie asymmetrisch verbreiterte Linien erhalten. Über die Rotationskorrelationszeit $\tau^x$ läßt sich die Beweglichkeit des Markers über einen Bereich von 0,01 bis 300 ns erfassen.

Durch die unterschiedlichen Linienformen infolge unterschiedlicher Beweglichkeit des Spinmarkers können lokale Bewegungsprozesse quantitativ beschrieben werden. Hierzu ist eine Berechnung der Linienformen für unterschiedliche Markerbeweglichkeiten notwendig [95].

Neben der Mobilität in der Umgebung des Markers lassen sich auch Aussagen über die lokale Polarität ableiten. Im polaren Medium wird durch die Mesomerie $>\underline{N}-\overline{\underline{O}}\cdot \leftrightarrow >\dot{N}^{\oplus}-\overline{\underline{O}}|^{\ominus}$ die geladene Form begünstigt, was zu einer Vergrößerung von $a_0^N$ führt.

Durch die Untersuchung der Anisotropie der $^{14}$N-*hfs* sind Aussagen über die räumliche Orientierung geordneter Strukturen, wie z. B. von Membranen, DNS oder Proteineinkristallen, möglich. Weiterhin lassen sich die Abstände von paramagnetischen Zentren in makromolekularen Verbindungen ermitteln. Schließlich können auch die Bindungsstöchiometrien und die Bindungsaffinität spinmarkierter niedrigmolekularer Moleküle an Makromolekülen bestimmt werden. Dies ist durch den Vergleich der Linienformen von freien und gebundenen niedrigmolekularen, spinmarkierten „Ligand“-Molekülen möglich.

## 8.6. ESR-Einkristalluntersuchungen an Radikalen

ESR-Einkristalluntersuchungen an Radikalen sind aufwendig. Sie gestatten jedoch, verglichen mit den Untersuchungen in Lösungen oder nichtorientierten Proben, sehr genaue Aussagen zur Struktur der Radikale.

Die Radikalspezies können durch Dotierungsprozesse in den Kristall eingebracht oder durch Bestrahlung direkt im Kristall erzeugt werden. Die Anordnung der Radikale im Einkristall ist von der Symmetrie der Kristalle abhängig. Die experimentelle Ermittelung der *g*- und *hfs*-Tensorhauptwerte und der Lage der Hauptachsen der Tensoren erfolgt wie im Abschn. 3.4. beschrieben.

### *8.6.1. Einkristalluntersuchungen an π-Radikalen*

#### *8.6.1.1. α-Protonen-hfs*

α-Protonen zeigen eine charakteristische, anisotrope *hfs* (s. Tab. 18). Typische Hauptwerte des spurlosen, dipolaren *hfs*-Tensors sind: +10, 0 und $-10 \cdot 10^{-4}$ $cm^{-1}$.

Tabelle 18
*Hfs*-Parameter von α-Protonen in $10^{-4}$ $cm^{-1}$.

| Kristall | Radikal | $a_0$ [1]) | $A^d_{xx}$ | $A^d_{zz}$ | $A^d_{yy}$ |
|---|---|---|---|---|---|
| $H_2C(COOH)_2$ | $H\dot{C}(COOH)_2$ | −19,7 | −10,3 | +0,3 | +10,6 |
| $H_2C(COOH)_2$ | $H_2\dot{C}(COOH)$ | −19,7 | −9,7 | +1,3 | +11,0 |
| $CH_3-CH(NH_3)-COO^-$ | $CH_3-\dot{C}H-COO^-$ | −18,0 | −10,0 | +2,0 | +12,0 |
| $CH_2F-CONH_2$ | $\dot{C}HF-CONH_2$ | −21,0 | −10,7 | 0 | +10,7 |
| $H_2C(SO_3K)_2$ | $H\dot{C}(SO_3^-)_2$ | −20,0 | −10,7 | +1,0 | +10,7 |

[1]) isotrope Kopplungskonstante

Beispiel:

Für die bei der γ-Bestrahlung von Malonsäure-Einkristallen entstehenden Radikale $HOOC-\dot{C}H-COOH$ und $HOOC-CH_2\cdot$ wurden die in Abb. 66 dargestellten Hauptachsenlagen ermittelt [96], die, betrachtet man nur das $>$C—H-Fragment, auch auf andere π-Radikale übertragbar sind. Die Tensorhauptwerte $A_{xx}$ bzw. $A_{yy}$ liegen in der Radikalebene, wobei die Hauptachse von

$A_{yy}$ entlang der C—H-Bindung gerichtet ist. Die kleinste anisotrope Komponente der $\alpha$-Protonen-*hfs*, $A_{zz}$, steht senkrecht zur Radikalebene.

Detaillierte Betrachtungen zur Dipol-Dipol-*hfs*-Wechselwirkung stützen die in Tab. 18 getroffene Vorzeichenwahl für $a_0$ und $A_{xx}$, $A_{yy}$ sowie $A_{zz}$.

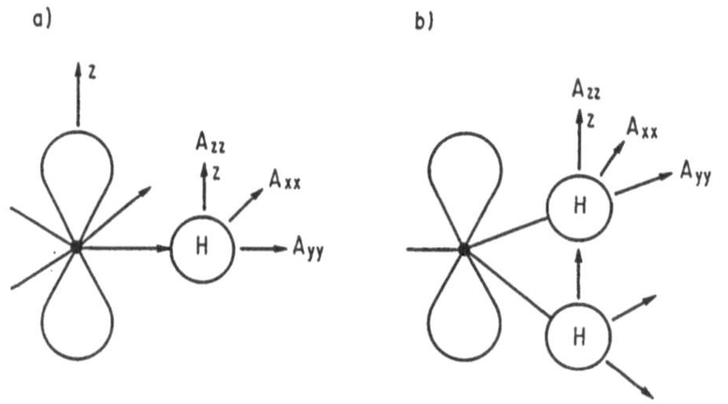


Abb. 66. Lage der Hauptachsen der $^1$H-*hfs*-Tensoren in den Radikalen $H\dot{C}(COOH)_2$ (a) und $H_2\dot{C}(COOH)$ (b)

Die Analyse der Winkelabhängigkeit der ESR-Spektren gestattet Aussagen über die Hybridisierung des „radikalischen" C-Atoms zu treffen. Die Hauptachsen der Komponenten $A_{xx}$ und $A_{yy}$ der beiden $^1$H-*hfs*-Tensoren des Radikals $H_2\dot{C}—COOH$ (s. Abb. 66) liegen in einer Ebene. Demnach müssen auch beide Wasserstoffatome in einer Ebene, der Radikalebene, liegen. Der Winkel zwischen den Hauptachsen $A_{yy}(H_1)$ und $A_{yy}(H_2)$, der identisch mit dem HCH-Bindungswinkel ist, beträgt $116 \pm 5°$ und bestätigt die $sp^2$-Hybridisierung des „radikalischen" C-Atoms.

### *8.6.1.2. β-Protonen-hfs*

$\beta$-Protonen zeigen im Unterschied zur $\alpha$-Protonen-*hfs* eine wesentlich geringere Anisotropie. Die Hyperkonjugation, die für die $\beta$-Protonen-*hfs* maßgeblich verantwortlich ist, bewirkt, daß die Größe der Kopplungskonstanten sehr stark vom Drehwinkel $\theta$, d. h., von der Drehlage der $C_\beta—H_\beta$-Bindung um die $C_\alpha—C_\beta$-Achse abhängt (vgl. Abb. 62). Die Kopplungskonstanten der $\beta$-Protonen können daher sehr kleine Werte — liegt das $\beta$-Proton in der Radikalebene, so ist die Kopplungskonstante gleich Null — aber auch sehr große Werte von etwa 5 mT annehmen.

Befinden sich drei $\beta$-Protonen, also eine Methylgruppe, in Nachbarstellung zum $\alpha$-Kohlenstoffatom, so ist bei Raumtemperatur auch im Einkristall keine Unterscheidung der $\beta$-Protonen möglich, da durch die Rotation der Methylgruppe die Kopplungskonstanten gemittelt werden (Gl. (154)). Typisch für die Kopplungskonstante der $\beta$-Protonen einer Methylgruppe ist ein Wert von etwa 2,5 mT.

Fixierte $\beta$-Protonen lassen sich infolge unterschiedlicher Kopplungskonstanten unterscheiden (s. Abb. 62). Die Größe der $\beta$-Protonen-Kopplungskonstante ist über eine einfache Beziehung mit dem Drehwinkel $\theta$ verbunden [97]:

$$a_0(\mathrm{H}_\beta) = (B_0 + B^{\mathrm{H}}_{\mathrm{C-CH_3}} \cos^2 \theta)\, p_\alpha . \tag{163}$$

Es gilt: $B^{\mathrm{H}}_{\mathrm{C-CH_3}} \gg B_0$; $B_0$ ca. 0,3—0,4 mT und $B^{\mathrm{H}}_{\mathrm{C-CH_3}} \approx 5{,}5\,\mathrm{mT}$. Mit Hilfe dieser Beziehung ist es möglich, die genaue Drehlage der Methylgruppe zu bestimmen und damit Aussagen zur Konformation zu erhalten.

### 8.6.1.3. $^{13}C$- und $^{14}N$-*hfs* — „Zentralatom"-*hfs*

Während die isotropen *hfs*-Kopplungskonstanten ein Maß für den *s*-Charakter des Orbitals des ungepaarten Elektrons sind, werden die Hauptwerte des anisotropen *hfs*-Tensors durch die Spindichte im *p*-Orbital bestimmt. Der dipolare Teil des $^{13}$C- bzw. $^{14}$N-*hfs*-Tensors sollte eine axiale Symmetrie aufweisen. Seine Hauptwerte ergeben sich zu

$$\begin{aligned} A^d_\parallel &= A^d_{zz} = (4/5)\, g_e\beta_e g_N\beta_N \langle r^{-3}\rangle_{2p}\, C_p^2 , \\ A^d_\perp &= A^d_{yy} = A^d_{xx} = -(2/5)\, g_e\beta_e g_N\beta_N \langle r^{-3}\rangle_{2p}\, C_p^2 , \end{aligned} \tag{164}$$

wobei $C_p^2$ ein Maß der ungepaarten *p*-Spindichte ist.

Tatsächlich werden jedoch beim $^{14}$N- bzw. $^{13}$C-*hfs*-Tensor oft Abweichungen von der axialen Symmetrie gefunden. Diese sind auf unterschiedliche Bindungspartner der Zentralatome in der Radikalebene zurückzuführen.

Die axiale Komponente der $^{13}$C-*hfs* liegt parallel zur Richtung des $2p_z$-Orbitals des C-Atoms, während die kleinen Komponenten in der Radikalebene liegen. Typische Werte für die dipolare $^{13}$C-*hfs*-Kopplung sind: $A^d_{zz} \approx \pm 4$ mT, $A^d_{yy} \approx A^d_{xx} \approx \mp 2$ mT. Dies ist auch auf die $^{14}$N-*hfs* übertragbar. Durch Einkristalluntersuchungen an Nitroxid-Radikalen wurde gefunden, daß der größte Wert des $^{14}$N-*hfs*-Tensors senkrecht zur Radikalebene steht. Die $x$-Achse liegt parallel zur N—O-Bindung, wie Abb. 67 veranschaulicht.

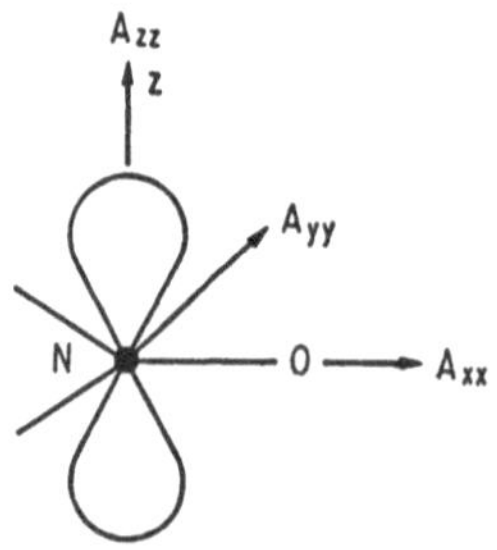


Abb. 67. Lage der $^{14}$N-*hfs*-Tensorhauptachsen im Nitroxidradikal

$A^d_{zz}$($^{14}$N) erreicht in diesen Radikalen eine Größe von etwa 1,5 mT; die Werte der kleinen Komponenten des $^{14}$N-*hfs*-Tensors liegen zwischen 0,5 und 1 mT.

### *8.6.1.4. Der g-Tensor*

Die Abweichungen der $g$-Tensorhauptwerte vom $g$-Wert des freien Elektrons sind für $\pi$-Radikale gering. Für die bei der Bestrahlung von Malonsäure-Kristallen entstehenden Radikale, deren *hfs* im Abschn. 8.6.1.2. beschrieben wurde, konnten folgende $g$-Tensorhauptwerte bestimmt werden:

| | $g_{zz}$ | $g_{yy}$ | $g_{xx}$ |
|---|---|---|---|
| $H\dot{C}(COOH)_2$ | 2,0026 | 2,0035 | 2,0033 |
| $H_2\dot{C}(COOH)$ | 2,0020 | 2,0042 | 2,0034. |

Die $\Delta g = (g_{ii} - g_e)$-Verschiebungen werden durch Beimischungen angeregter Zustände zum Grundzustand infolge $LS$-Kopplung hervorgerufen. Die im Vergleich zu schwereren Elementen kleinen $LS$-Kopplungskonstanten von Kohlenstoff und Stickstoff sind ausschlaggebend für die geringen $\Delta g$-Werte.

Ist in einem Kohlenstoffradikal das Orbital des ungepaarten Elektrons im wesentlichen ein $2p_z$-Orbital, so entstehen die Beiträge zu den $g$-Tensorhauptwerten $g_{xx}$ und $g_{yy}$ durch folgende Anregungen:

a) Anregung eines $\sigma$-Elektrons in das $\pi$-Orbital des ungepaarten Elektrons mit einem Beitrag zu den $g$-Tensorhauptwerten von $\sim (2\xi/\Delta E_1)$, und
b) Anregungen des ungepaarten Elektrons in ein $\sigma^*$-Orbital mit einem Beitrag von $-(2\xi/\Delta E_2)$.

$\Delta E_1$ und $\Delta E_2$ sind die entsprechenden Anregungsenergien. Da $\Delta E_2$ im allgemeinen größer als $\Delta E_1$ ist, werden $g_{xx}$ und $g_{yy}$ folglich größer als $g_e$ sein.

Zu $g_{zz}$ tragen nur die Anregung eines $\sigma$-Elektrons in ein $\sigma^*$-Orbital bei. Diese Anregungsenergien sind jedoch sehr hoch, so daß $g_{zz}$ die geringste Abweichung von $g_e$ erfährt.

### *8.6.2. Einkristall-Untersuchungen an σ-Radikalen*

Bedingt durch den hohen $s$-Anteil im $\sigma$-MO sind $\sigma$-Radikale durch große isotrope Kopplungskonstanten charakterisiert (s. Abschn. 8.2.). Die ESR-Spektren dieser Radikale in Einkristallen bzw. polykristallinen Proben weisen eine ausgeprägte Anisotropie der *hfs*-Tensoren und des $g$-Tensors auf. Bedingt durch die Elektronenstruktur verändert sich im Vergleich zu $\pi$-Radikalen die Lage der Tensorhauptachsen im paramagnetischen Zentrum.

Beispiel:

$\alpha$-Brom substituierte organische Moleküle gehören zu den Spezies, die durch Bestrahlung $\sigma$-Radikale bilden können. Bei $T = 77$ K bestrahlte Bromo-difluoro-acetamid-Einkristalle enthalten Radikalspezies, deren ESR-Spektren (bei 77 K registriert) aus zwei Quartetts von 1:2:1-Tripletts relativ großer Linienbreite bestehen [98]. Diese *hfs*-Aufspaltung — ein Strichspektrum zeigt Abb. 68 — entsteht durch die Wechselwirkung des ungepaarten Elektrons mit einem $^{79}$Br- bzw. $^{81}$Br- und zwei magnetisch äquivalenten $^{19}$F-Kernen. Die Auswertung der Winkelabhängigkeiten führt zu den in Tab. 19 angegebenen *hfs*- und $g$-Tensorhauptwerten.

Von der untersuchten Verbindung ist die Kristall- und Molekülstruktur bekannt. Die Lage der Tensorhauptachsen im paramagnetischen Zentrum kann daher ermittelt werden. Die maximalen $^{79,81}$Br-*hfs*-Tensorhauptwerte $A_{zz}^{\mathrm{Br}}$ liegen fast parallel zur C—Br-Bindung. In der gleichen Richtung wird auch die maximale $^{19}$F-*hfs*-Komponente $A_{zz}^{\mathrm{F}}$ und die minimale $g$-Tensorkomponente beobachtet.

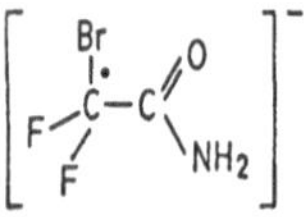

Abb. 68. ESR-Strichspektrum des bei der Bestrahlung von Bromodifluoroacetamid entstandenen $\sigma^*$-Radikals (— $^{81}$Br, --- $^{79}$Br)

Tabelle 19
ESR-Parameter des Bromodifluoroacetamid-$\sigma^*$-Radikals; $A_{ii}$ in mT.

| | $zz$ | $xx$ | $yy$ | $A_{\mathrm{iso}}$ |
|---|---|---|---|---|
| $\tilde{A}(^{81}\mathrm{Br})$ | 23,75 ± 0,005 | 8,56 ± 0,01 | 8,83 ± 0,01 | 13,72 |
| $\tilde{A}(^{79}\mathrm{Br})$ | 22,05 ± 0,005 | 7,86 ± 0,01 | 8,06 ± 0,01 | 12,65 |
| $\tilde{A}(^{19}\mathrm{F})$ | 10,83 ± 0,010 | 0,3 | 0,3 | 3,81 |
| $\tilde{g}$ | 2,0017 ± 0,0005 | 2,029 ± 0,001 | 2,021 ± 0,001 | — |

In den Einkristallspektren konnte nur bei Orientierungen von $H \parallel A_{zz}^{\mathrm{Br}}$ eine $^{13}$C-*hfs*-Aufspaltung gefunden werden. Deshalb kann angenommen werden, daß in dieser Richtung die maximale Komponente der $^{13}$C-*hfs* liegt.

Unter der Annahme, daß das Brom-$4p_z$-Orbital im MO des ungepaarten Elektrons dominiert, lassen sich für die $g$-Tensorhauptwerte die folgenden Näherungsgleichungen ableiten ($g_{zz} = g_\parallel$, $g_{xx} = g_{yy} = g_\perp$):

$$g_\parallel = g_e - \frac{(C_p{}^{\mathrm{Br}})^2 \lambda_{\mathrm{Br}}^2}{\Delta E^2}, \tag{165}$$

$$g_\perp = g_e + \frac{2(C_p{}^{\mathrm{Br}})^2 \lambda_{\mathrm{Br}}}{\Delta E} - \frac{2(C_p{}^{\mathrm{Br}})^2 \lambda_{\mathrm{Br}}^2}{\Delta E^2}. \tag{166}$$

In den Gln. (165) und (166) steht $\lambda_{Br}$ für die $LS$-Kopplungskonstante des Broms und $\Delta E$ für die Energiedifferenz zwischen dem $\sigma^*$-MO des ungepaarten Elektrons sowie den Brom-$4p_x$, $4p_y$-Orbitalen.

Für die ungepaarte Spindichte im Br-$4p_z$-Orbital ergibt sich mit den Gln. (164) ein Wert von $(C_p^{Br})^2 = 0{,}20$. Der Anteil des Br-$4s$-Orbitals am MO des ungepaarten Elektrons ist mit $(C_s^{Br})^2 = 0{,}0164$ sehr klein. $\Delta E$ läßt sich mit den Gln. (165) und (166) und $g_{xx} = g_{yy} = g_{\perp} = 2{,}025$ zu $\approx 40000\ \mathrm{cm}^{-1}$ abschätzen.

Bei Bestrahlung mit UV-Licht (350 nm) verschwinden die ESR-Signale des beschriebenen paramagnetischen Zentrums. Dieses Verhalten ist charakteristisch für Elektronenüberschußzentren und ein weiterer Fakt, der das Vorliegen eines $\sigma^*$-Radikals unterstreicht.

## *8.7. Organische Moleküle im Triplett-Zustand*

Der Triplettzustand ist durch zwei ungepaarte Elektronen mit dem Gesamtspin $S = 1$ charakterisiert. Damit verbunden ist die Ausbildung von 3 Unterniveaus mit $M_s = 1, 0, -1$, die für ku-

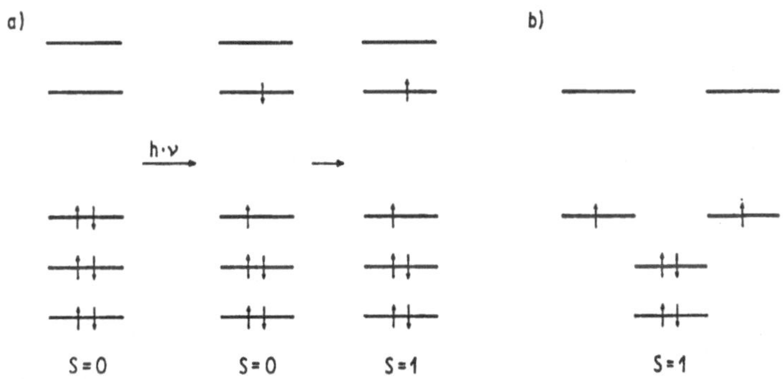


Abb. 69. a) Angeregter Triplettzustand,
b) Triplett-Grundzustand

bische Symmetrie entartet sind. In Molekülen mit niedrigerer Symmetrie wird diese Entartung aufgehoben. Es resultiert eine Nullfeldaufspaltung (vgl. Abschn. 3.2.2.1.). Zum anderen kann eine skalare Austauschwechselwirkung analog zu der in Abschn. 6.8. beschriebenen auftreten.

Im allgemeinen gibt es zwei Möglichkeiten, den Triplettzustand zu realisieren (s. Abb. 69). Die erste Möglichkeit besteht in der Anregung eines Elektrons aus dem Singulett-Grundzustand mit nachfolgendem Übergang in den Triplettzustand. Besonders geeignet hierfür sind aromatische Kohlenwasserstoffe, wie Naphthalin, Anthracen usw. Es gibt jedoch auch zahlreiche Spezies, wie Carbene oder Nitrene, die sich im Triplett-Grundzustand befinden.

### 8.7.1. „Angeregte" Triplett-Zustände

Etliche aromatische Kohlenwasserstoffe können bei niedrigen Temperaturen durch Bestrahlung in einen metastabilen, angeregten Zustand überführt werden. In dieser Hinsicht ist das Naphthalin sehr ausführlich untersucht. Wird Naphthalin mit UV-Licht bestrahlt, erfolgt die Promotion eines Elektrons aus dem obersten

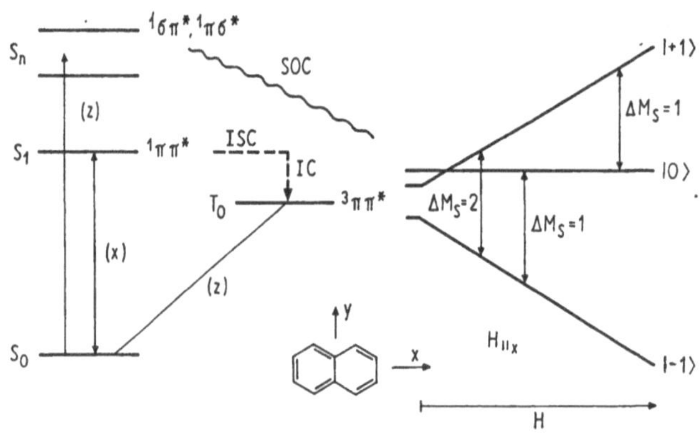


Abb. 70. Energieniveaudiagramm von Naphthalin

besetzten $\pi$-Orbital in ein leeres antibindendes Orbital mit $\pi^*$-Charakter. Da sich während dieser Anregung das Spinmoment nicht ändert, muß der angeregte Zustand ebenso wie der Grundzustand ein Singulettzustand sein. Wird vom Molekül $z$-polarisiertes Licht absorbiert, so erfolgt die Anregung in höhere angeregte Zustände $S_n$ und bei Absorption von $x$-polarisiertem Licht in den niedrigsten angeregten Zustand $S_1$. Von hier kann das Molekül durch Fluoreszenz in den Grundzustand oder durch „inter

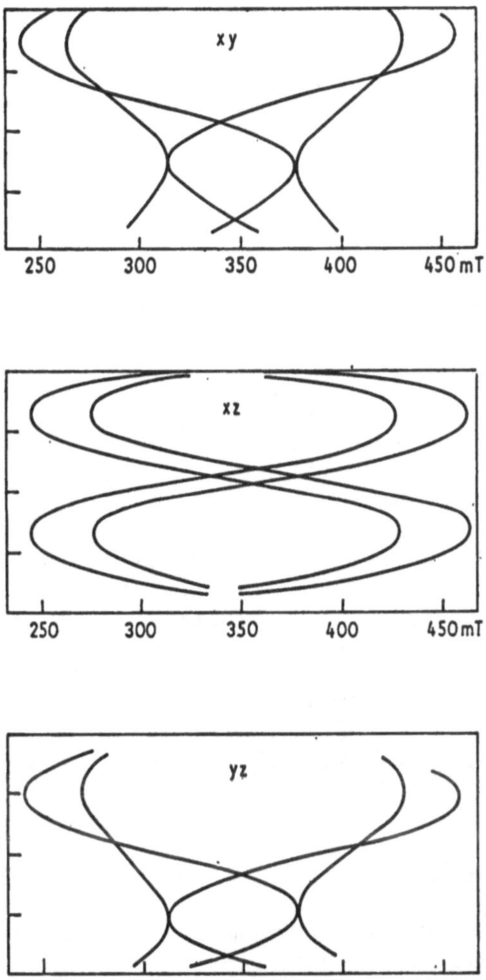


Abb. 71. Winkelabhängigkeiten der ESR-Signale für einen Naphthalin/Duren-Einkristall in der *xy*-, *xz*- und *yz*-Ebene (im Kristall sind zwei paramagnetische Zentren enthalten)

system crossing“ (*ISC*) in die Triplett-Mannigfaltigkeit übergehen. Durch strahlungslose „internal conversion“ (*IC*)-Prozesse wird der niedrigste Triplettzustand $T_0$ erreicht. Von hier kann die Desaktivierung zum Grundzustand durch Phosphoreszenz oder strahlungsfreie Prozesse erfolgen. Der Übergang $T_0 \rightarrow S_0$ ist spinverboten. Hieraus resultiert die lange Lebensdauer der Phosphoreszenz ($10^{-3}\cdots 10$ s). Die Ursache für das Auftreten der $S_0 \leftrightarrow T_0$-Übergänge liegt in der Beimischung von *s*-Charakter zum Triplettzustand durch die *LS*-Kopplung (*SOC*) [99]. Diese Vorgänge sind in der linken Hälfte von Abb. 70 dargestellt. Die rechte Seite von Abb. 70 zeigt die Nullfeldaufspaltung des Tripletts, wenn das Magnetfeld parallel zur *z*-Achse liegt.

Insgesamt sind im ESR-Spektrum drei Linien zu beobachten, von denen eine dem verbotenen $\Delta M_s = 2$-Übergang entstammt. In Abb. 71 sind die Winkelabhängigkeiten der ESR-Spektren eines Naphthalin/Duren-Einkristalls dargestellt. Sie sind mit dem HAMILTON-Operator (71) beschreibbar. Die Hauptwerte des Feinstrukturtensors ergeben sich zu $D = 0{,}1003$ und $E = 0{,}0137$ cm$^{-1}$.

In den 77 K-Einkristallspektren werden *hfs*-Wechselwirkungen mit den Ringprotonen aufgelöst. Die abgeleiteten Kopplungskonstanten sind vergleichbar mit den isotropen *hfs*-Kopplungskonstanten, die für das Naphthalin-Radikalanion gefunden wurden. Die annähernde Übereinstimmung ergibt sich aus einer ähnlichen Verteilung des ungepaarten Elektrons im obersten besetzten und untersten unbesetzten MO des angeregten Naphthalins.

Neben den bisher beschriebenen Einkristalluntersuchungen können ESR-Spektren von Triplettzuständen auch von gefrorenen Lösungen bzw. polykristallinen Proben erhalten werden.

### *8.7.2. Triplett-Excitonen*

Die bisher betrachteten Triplettzustände waren an einzelne Moleküle gebunden, die in niedriger Konzentration in einem geeigneten Wirtsgitter vorlagen. Wird jedoch ein Einkristall aus Naphthalin mit UV-Licht angeregt, so werden im Vergleich zu den Naphthalin/Duren-Einkristallen mit niedrigem Naphthalingehalt neue Linien beobachtet. Die Auswertung der Winkelabhängigkeit dieser Signale ergibt für den Feinstrukturtensor die Hauptwerte $D = -0{,}0059$ und $E = 0{,}0485$ cm$^{-1}$ [100]. Diese neuen ESR-Signale entstehen durch Triplett-Anregungen, die schnell zwischen den Naphthalinmolekülen migrieren.

Ähnliche Wechselwirkungen sind auch in „charge-transfer"-Komplexen, bei denen im kristallinen Zustand die alternierende, kettenförmige Anordnung von Donoren und Akzeptoren zur Ausbildung von Triplett-Excitonen führt, zu beobachten.

### 8.7.3. *Systeme mit einem Triplett-Grundzustand*

Ein Triplett-Grundzustand ist immer dann zu erwarten, wenn es im Molekül zweifach entartete Molekülorbitale gibt, die mit je einem Elektron besetzt sind. Existiert zwischen den ungepaarten Elektronen eine Austauschwechselwirkung, so ist das Vorzeichen und die Größe des Austauschintegrals $J$ ausschlaggebend, ob ein Triplett-Grundzustand vorliegt oder nicht (s. Abschn. 6.8.).

Typische Beispiele für Moleküle im Triplett-Grundzustand sind die doppelt geladenen Anionen des Triphenyl-benzens oder Triphenylens. Für das doppelt geladene Anion des Triphenylbenzens wurde ein axial-symmetrischer Feinstrukturtensor mit $D = 0{,}042\ \mathrm{cm}^{-1}$ gefunden. Dieser Wert ist kleiner als der für den angeregten Triplettzustand des neutralen Moleküls gefundene ($D = 0{,}111\ \mathrm{cm}^{-1}$). Die Ursachen hierfür sind in der unterschiedlichen Orbital-Besetzung und der Dipol-Dipol-Wechselwirkung zu suchen.

Tabelle 20
Hauptwerte des Feinstrukturtensors für einige Carbene und Nitrene; $D$ und $E$ in $\mathrm{cm}^{-1}$.

| Radikal | $D$ | $E$ | Literatur |
|---|---|---|---|
| $\mathrm{H-\overset{\cdot}{\underset{\cdot}{C}}-H}$ | 0,69 | 0,003 | [101] |
| $\mathrm{H-\overset{\cdot}{\underset{\cdot}{C}}-C_5H_5}$ | 0,5150 | 0,2151 | [102] |
| $\mathrm{H-\overset{\cdot}{\underset{\cdot}{C}}-C{\equiv}CH}$ | 0,6276 | 0 | [103] |
| $\mathrm{H-\overset{\cdot}{\underset{\cdot}{C}}-C{\equiv}C-C_6H_5}$ | 0,5413 | 0,0035 | [103] |
| $\mathrm{H_5C_6-\overset{\cdot}{C}-C_6H_5}$ | 0,4055 | 0,0194 | [102] |
| $\mathrm{\underset{\cdot}{N}-H}$ | 1,86 | 0 | [104] |

Ebenfalls über einen Triplett-Grundzustand können Carbene und Nitrene verfügen. Tabelle 20 enthält eine kleine Auswahl an Carbenen und Nitrenen, die durch Photolyse von entsprechenden Azoverbindungen oder Aziden in fester Matrix erzeugt werden können. Der Feinstrukturtensor dieser Spezies zeigt in den meisten Fällen eine rhombische Symmetrie. Charakteristisch ist weiterhin, daß $D$ bei vergleichbaren Substituenten mit deren Größe, bedingt durch die geringer werdende Wechselwirkung der ungepaarten Elektronen, abnimmt.

Einen interessanten Fall bezüglich seiner ESR-Spektren stellt das Fluorenyliden dar. Für dieses Carben ist die Nullfeldauf-

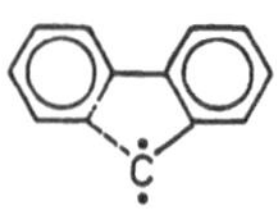

XVII

spaltung sehr groß im Vergleich zur Energie des eingestrahlten $H_1$-Feldes. Deshalb können nicht alle Übergänge zwischen den Triplett-Niveaus beobachtet werden. Wie Abb. 72 zeigt, ist für $H \parallel x$ und $H \parallel y$ nur ein Übergang zu beobachten, während für $H \parallel z$ zwei Übergänge zwischen den Niveaus $|0\rangle$ und $|\pm 1\rangle$ sowie der verbotene $\Delta M_s = 2$-Übergang erhalten werden.

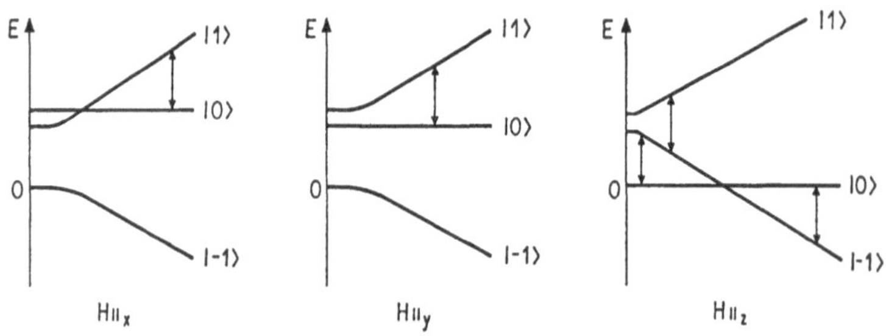


Abb. 72. Energieniveaus für einen Triplettzustand mit großer Nullfeldaufspaltung

Für ein negatives $J$ liegt der Singulettzustand energetisch unter dem Triplettzustand. Ist $J$ nicht zu groß, so kann der Triplettzustand thermisch erreicht und das ESR-Spektrum beobachtet werden.

### *8.7.4. Biradikale*

Voranstehend wurden ESR-Untersuchungen an Triplettzuständen in Kristallen und polykristallinen Proben betrachtet. Die ESR-Spektren dieser Systeme sind durch eine Feinstruktur, hervorgerufen durch die Dipol-Dipol-Wechselwirkung zwischen den ungepaarten Elektronen, gekennzeichnet. In Lösung bewirkt jedoch die BROWNsche Molekularbewegung die Mittelung aller anisotropen Eigenschaften der Radikale. Eine der isotropen *hfs* entsprechende Kontaktwechselwirkung existiert für Elektronen nicht, da dem PAULI-Verbot nach die Aufenthaltswahrscheinlichkeit eines Elektrons am Ort des anderen gleich Null ist. Deshalb sind die ESR-Spektren von Biradikalen in Lösungen wesentlich vom Verhältnis zwischen der Austauschenergie und den isotropen Kopplungskonstanten $a_0$ geprägt.

Die Bezeichnung „Biradikal" findet in der Literatur verschiedene Anwendungen. Dieser Begriff wird einerseits für Zweispinsysteme gebraucht, deren elektronischer Zustand durch das verdoppelte Termschema eines Monoradikals oder durch ein Triplett-Niveau und ein mit ihm entartetes Singulett-Niveau beschrieben werden kann (keine Austauschwechselwirkung zwischen den Elektronen). Andererseits wird auch das Größenverhältnis von Austauschenergie und isotropen *hfs*-Konstanten zur Klassifizierung verwendet.

Ist $J = 0$ (*XVIII*) bzw. gilt $|J| \ll |a_0|$, liegen Biradikale mit schwachem Austausch und für $|J| \gg |a_0|$ (*XX*) Biradikale mit starkem Austausch vor. Diese Definition enthält auch alle Zwischenzustände, wie z. B. $|J| \approx |a_0|$ (*XIX*), d. h., Biradikale mit mittlerem Austausch.

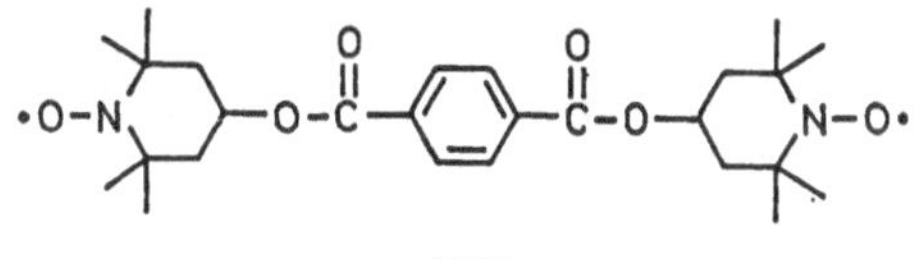

*XVIII*

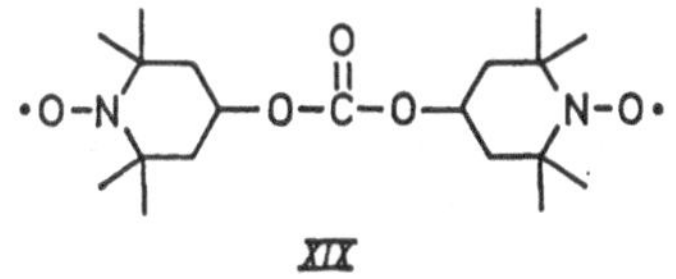

*XIX*

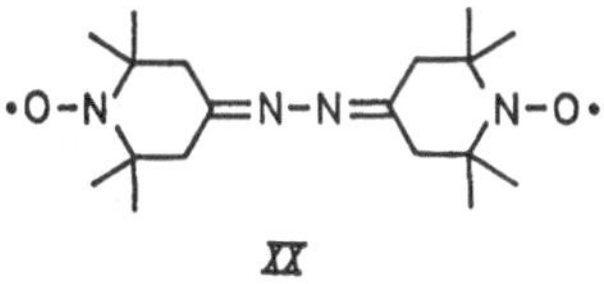

*XX*

Die Zuordnung der jeweiligen Spezies entsprechend der gegebenen Definition kann anhand ihrer Hyperfeinstruktur erfolgen. Ist jedoch die Dipol-Dipol-Wechselwirkung infolge eines geringen Abstandes zwischen den Elektronen sehr groß, dann kann die

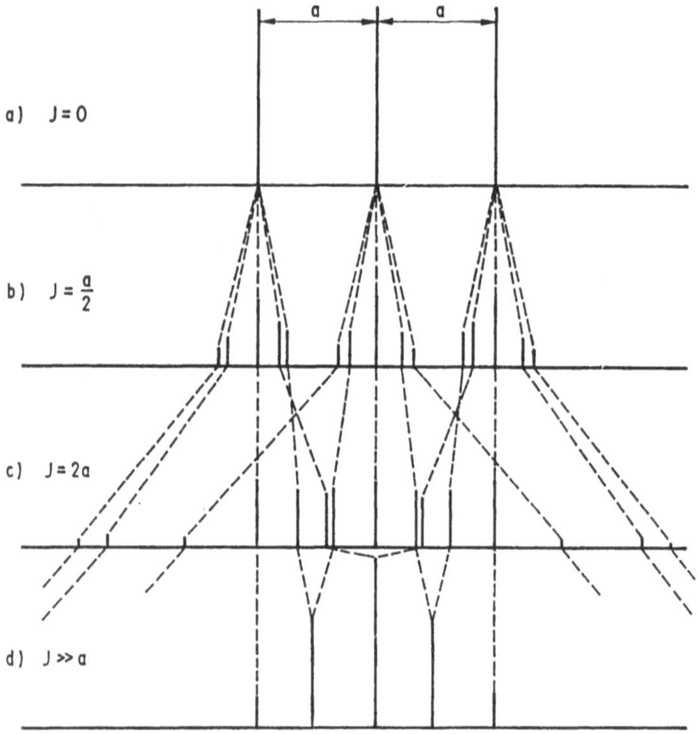


Abb. 73. Linienpositionen und -intensitäten eines symmetrischen Zweispinsystems mit zwei äquivalenten Kernen mit $I = 1$ in Abhängigkeit von der Austauschenergie [105]

*hfs* wegen erhöhten Linienbreiten nicht beobachtet werden. Diese Spezies werden in der Literatur häufig als „Tripletts" bezeichnet.

Abbildung 73 zeigt die Abhängigkeit des *hfs*-Spektrums eines symmetrischen Zweispinsystems mit zwei Kernen mit dem Kernspin $I = 1$ von der Größe des Austauschintegrals $J$.

Ist der Abstand der ungepaarten Elektronen groß ($J$ und Dipol-Dipol-Wechselwirkung gleich Null), so ist das ESR-Spektrum mit dem des entsprechenden Monoradikals identisch (Abb. 73a). Für den Fall einer starken Austauschwechselwirkung (Abb. 73d) wird das typische Aufspaltungsbild zweier äquivalenter Kerne beobachtet. Die Aufenthaltswahrscheinlichkeit eines ungepaarten Elektrons an einem bestimmten Kernort in einer der Hälften des Biradikals ist jedoch nur halb so groß wie im entsprechenden Monoradikal. Daher ist die beobachtete Kopplungskonstante nur halb so groß wie die des Monoradikals. Im Übergangsbereich zwischen diesen Extremfällen (mittlerer Austausch) gestalten sich die Spektren, wie Abb. 73b, c zeigt, kompliziert. Für ein Biradikal mit zwei Kernen mit $I = 1$ treten theoretisch bis zu 15 Linien auf.

## *8.8. ESR-Untersuchungen an anorganischen Radikalen*

Eine Vielzahl von unterschiedlichsten Radikalen bzw. paramagnetischen Zentren, angefangen bei solvatisierten oder in einer festen Matrix stabilisierten Elektronen über ein- und mehratomige Radikale bis hin zu paramagnetischen elementorganischen Verbindungen, werden unter dem Begriff anorganische Radikale zusammengefaßt. Die Einteilung kann bei Radikalen, die aus wenigen Atomen bestehen, nach der Zahl der Atome, aus denen sie sich zusammensetzen, aber auch wie bei organischen Radikalen entsprechend der Stoffklassen, aus denen sich die Radikale ableiten oder nach ihrer Elektronenstruktur erfolgen.

### *8.8.1. Solvatisierte und „isolierte" Elektronen*

Solvatisierte Elektronen wurden z. B. in Lösungen von Alkalimetallen in Ammoniak oder Aminen und in Salzschmelzen, die gelöste Metalle enthalten, ESR-spektroskopisch nachgewiesen. In einer festen Matrix isolierte Elektronen sind neben den im Abschn. 7.2.2. beschriebenen $F$-Zentren in gefrorenen Lösungen von Aminen, Alkoholen, Dextrinen, Alkalihydroxiden usw. nachweisbar, die einer Radiolyse unterzogen wurden.

Zur Beschreibung dieser Elektronen werden vor allem zwei Modelle diskutiert. Ersteres geht davon aus, daß sich das ungepaarte Elektron in einem von Lösungsmittelmolekülen der entsprechenden Matrix gebildeten Käfig aufhält. Das andere beschreibt die solvatisierten Elektronen als Radikalanionen des Lösungsmittels bzw. der Matrix, also als $H_2O^-$, $ROH^-$ usw. Letzteres ist ein einfaches Modell, das an keine Hypothesen gebunden ist. Gegen dieses Modell spricht jedoch, daß z. B. im $H_2O^-$ keine niedrig liegenden Energieniveaus zur Verfügung stehen, die das ungepaarte Elektron aufnehmen können. Zudem ist das am niedrigsten liegende unbesetzte MO im $H_2O$ ein $\sigma^*$-Orbital, was eine hohe Spindichte im 1*s*-Orbital des Wasserstoffs bedingen würde. Experimentell werden jedoch relativ kleine isotrope $^1$H-*hfs*-Kopplungskonstanten für diese Systeme gefunden. Daher erscheint dieses Modell unsicher gegenüber dem Käfigmodell, das für *F*-Zentren angenommen werden kann, aber auch auf andere Medien übertragbar sein sollte.

### 8.8.2. Einatomige Radikale

Das Wasserstoffatom ist neben dem solvatisierten oder „getrappten" Elektron das einfachste „anorganische" Radikal. Es wurde in unterschiedlichsten Medien untersucht. Tabelle 21 enthält eine kleine Auswahl hierzu.

Tabelle 21
ESR-Parameter von Wasserstoffatomen, erzeugt und stabilisiert in verschiedenen Medien [106–108]

| Matrix | $T$ (K) | $a_0$ ($10^{-4}$ cm$^{-1}$) | $g_0$ |
|---|---|---|---|
| $H_{gasf.}$ | | 473,8 | 2,00226 |
| Ne | 4 | 475,8 | 2,00207 |
| Ar | 4 | 471,6 | 2,00220 |
| Kr | 4 | 470,9 | 2,00179 |
| $HClO_4$ | 77 | 469,4 | 2,0022 |
| $CaF_2$ | 300 | 487,1 | 2,00247 |

Die isotropen *hfs*-Kopplungskonstanten spiegeln den Einfluß des Wirtsgitters nur schwach wieder und sind ähnlich der isotropen Kopplungskonstante, die für gasförmige H-Atome bestimmt wurde. Ursache hierfür sind zwei sich überlagernde Effekte. Bereits eine geringe Kompression des 1*s*-Orbitals bedingt ein starkes Anwachsen von $a_0^H$. Dies überdeckt jedoch die Verkleinerung der *hfs*-Kopplungskonstante bei schwacher Bindung an Matrixatome bzw. Moleküle und die damit verbundene Elektronendelokalisation.

Ein wichtiges paramagnetisches Zentrum, das bei katalytischen Prozessen an Oberflächen beteiligt sein kann, ist $O^-$. An der Oberfläche von MgO werden zwei $O^-$-Zentren beobachtet, die eine rhombische Symmetrie des $g$-Tensors ausweisen. Dagegen zeigt der $g$-Tensor von $O^-$-Radikalen an $V_2O_5/SiO_2$-Oberflächen eine axiale Symmetrie (s. Tab. 22) [109].

Tabelle 22
$g$-Tensorhauptwerte für $O^-$-Radikale

| Material | $g_{xx}$ | $g_{yy}$ | $g_{zz}$ |
|---|---|---|---|
| MgO(A) | 2,016 | 2,0297 | 2,0505 |
| MgO(B) | 2,016 | 2,0193 | 2,0472 |
| $V_2O_5/SiO_2$ | 2,003 | 2,023 | 2,023 |

Aufgrund der geringen natürlichen Häufigkeit des Isotops $^{17}O$ ist keine *hfs* zu beobachten, falls nicht angereichertes Material verwendet wird.

$O^-$-Radikale können auch in gefrorenen wäßrig-alkalischen Lösungen, die ionisierender Strahlung ausgesetzt waren, beobachtet werden. Neben H· und $O^-$-Radikalen gibt es eine Vielzahl von einatomigen Radikalen, meist Alkali- bzw. Übergangsmetallatome, die in verschiedenen Medien ausführlich mittels ESR untersucht wurden.

### 8.8.3. Zweiatomige Radikale

Zweiatomige Radikale können in $\pi$- und $\sigma$-Radikale unterteilt werden. Abbildung 74 zeigt ein Energieniveauschema für zweiatomige Moleküle; die Entartung der $\pi$-Niveaus ist aufgehoben. Befindet sich das ungepaarte Elektron im $\sigma_u$-Orbital, so liegt ein $\sigma^*$-Radikal vor. Aus Gl. (101) lassen sich für den Fall, daß das Molekül aus zwei gleichen Atomen besteht, sehr einfache Beziehungen für die $g$-Wertverschiebungen $\Delta g_{ii} = (g_{ii} - g_e)$ ableiten:

$$\Delta g_{zz} = 0 \tag{167}$$

$$\Delta g_{yy} = +(2\lambda/(E_{\sigma_u} - E_{\pi_u^{(1)}}) \tag{168}$$

$$\Delta g_{xx} = +(2\lambda/(E_{\sigma_u} - E_{\pi_u^{(2)}}) . \tag{169}$$

Die Energiedifferenzen sind in Abb. 74 eingetragen.

Sind die $\pi$-Niveaus entartet, so ist ein axial-symmetrischer Tensor mit $g_{zz} = g_{\|}$ und $g_{xx} = g_{yy} = g_{\perp}$ zu erwarten. Bei zweiatomigen $\sigma^*$-Radikalen, die aus unterschiedlichen Atomen bestehen, müssen noch zusätzlich die Beiträge zu $g_{xx}$ und $g_{zz}$ beachtet werden, die durch die $\pi_g^{(1)}$-, $\pi_g^{(2)}$- und $\sigma_u$-Übergänge entstehen.

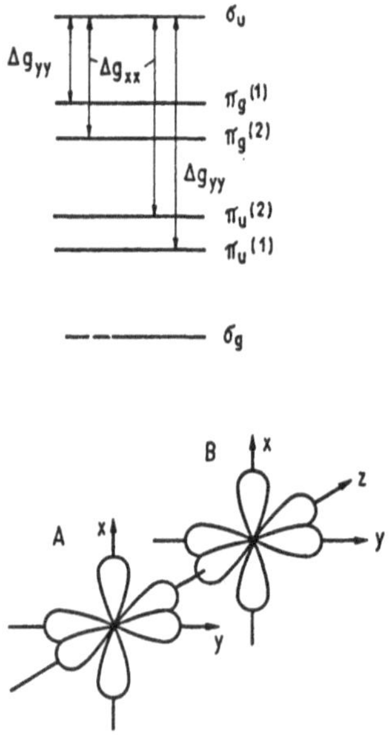


Abb. 74. Energieniveauschema und schematische Darstellung der $g$-Tensorbeiträge eines zweiatomigen anorganischen Radikals

Bekannte $\sigma^*$-Radikale sind $F_2^-$, $Cl_2^-$, $I_2^-$ oder auch $FCl^-$, die in entsprechenden Alkalihalogeniden durch Anlagerung eines Halogenatoms ($V$-Zentrum) an ein Halogenidion entstehen (s. Tab. 23).

Die Existenz von $\sigma$-Radikalen ist jedoch nicht nur an eine Stabilisierung in Festkörpern gebunden. So entstehen durch Bestrahlung von $XeF_4$ XeF-Radikale. Für diese $\sigma$-Radikale ist jedoch das obige Modell nicht mehr anwendbar, da $d$-Funktionen in die Bindung einbezogen werden. Gut untersucht ist das $O_2^-$-Radikal. Es ist insbesondere für die Chemie an Oxid-Oberflächen und in der Biochemie von Interesse. Ebenso intensiv untersucht sind die zweiatomigen Radikale ·NO und ·OH.

Tabelle 23
ESR-Parameter von $X_2^-$-Radikalen [110]; $A_{ii}$ in mT

| Radikal | Matrix | $g_{xx}$ | $g_{yy}$ | $g_{zz}$ | $A^d_{xx} = A^d_{yy}$ | $A^d_{zz}$ | $A_{iso}$ |
|---|---|---|---|---|---|---|---|
| $F_2^-$ | LiF(1) | 2,0227 | 2,0234 | 2,0031 | −27,6 | 55,2 | 33,5 |
| | (2) | | | | −31,53 | 63,06 | 25,63 |
| $Cl_2^-$ | KCl(1) | 2,043 | 2,045 | 2,001 | −2,58 | 5,17 | 4,36 |
| | (2) | | | | −3,76 | 7,53 | 2,0 |

### 8.8.4. Drei- und mehratomige Radikale

Auch für drei- und mehratomige anorganische Radikale lassen sich zur Interpretation der ESR-Spektren einfache Modelle, wie im voranstehenden Abschnitt und für einige Koordinationsverbindungen gezeigt (Abschn. 6.3.1.), ableiten. Aus den *hfs*-Kopplungskonstanten kann weiterhin mit Hilfe der Gl. (122) und (123) der Anteil von *s*- bzw. *p*-Orbitalen im MO des ungepaarten Elektrons bestimmt werden.

Aus dem Verhältnis $S^2 = (C_p/C_s)^2$ können Bindungswinkel näherungsweise bestimmt werden. Für dreiatomige $\sigma$-Radikale

Tabelle 24
ESR-Parameter und Bindungswinkel „$\varphi$“ dreiatomiger anorganischer Radikale. Die *hfs*-Kopplungskonstanten (in mT) sind die des jeweiligen Zentralatoms: $^{14}N$, $^{13}C$, $^{35,37}Cl$, $^{77}Se$, $^{75}As$ [114]

| Radikal | $NO_2$ | $CO_2^-$ | $ClO_2$ | $N(SO_3)_2^{2-}$ | $SeO_3^{2-}$ | $AsO_3^{2-}$ |
|---|---|---|---|---|---|---|
| Matrix | $Pb(NO_3)_2$ | $NaHCO_3$ | $KClO_4$ | | $K_2SeO_4$ | $K_3AsO_4$ |
| $g_{xx}$ | 2,004 | 2,0032 | 2,0036 | 2,0042 | 2,0156 | 1,992 |
| $g_{yy}$ | 1,995 | 1,9975 | 2,0183 | 2,0082 | 2,0156 | 1,992 |
| $g_{zz}$ | 1,995 | 2,0014 | 2,0088 | 2,0025 | 2,003 | 1,999 |
| $A^d_{xx}$ | −0,47 | −1,143 | 5,76 | 2,5 | −6,3 | −5,5 |
| $A^d_{yy}$ | 0,23 | −1,643 | −3,08 | −1,25 | −6,3 | −5,5 |
| $A^d_{zz}$ | 0,23 | 2,786 | −2,68 | −1,25 | 12,6 | 11,0 |
| $A_{iso}$ | 5,47 | 16,72 | 1,54 | 1,32 | 49,0 | 62,7 |
| „$\varphi$“ | 126° | 128° | | | 112° | 110° |

gilt Gl. (170), wenn $C_{2v}$-Symmetrie vorliegt [111]:

$$\varphi = 2 \cos^{-1} (S^2 + 2)^{-1/2}. \qquad (170)$$

$\varphi$ — Bindungswinkel

Eine Auswahl von ESR-Parametern für drei- und mehratomige Radikale ist in Tab. 24 enthalten.

Neben einer Vielzahl weiterer anorganischer Radikale werden in letzter Zeit paramagnetische element- und metallorganische Verbindungen untersucht. Durch den Einsatz von „Spin-Traps" oder von Liganden, die durch Komplexierung in paramagnetische Spezies übergehen, gelingt es, auch diamagnetische Verbindungen in ESR-Untersuchungen einzubeziehen [112, 113].

## 9. Quantitative Bestimmung paramagnetischer Spezies

Die Absolutbestimmung der Zahl paramagnetischer Zentren in einer Meßprobe ist durch die erforderliche Bestimmung einer Anzahl schwer meßbarer apparativer Größen aufwendig und mit großen Fehlern behaftet. Deshalb werden zumeist Relativmessungen durchgeführt.

Das einfachste und genaueste Verfahren besteht in der gleichzeitigen Aufnahme des Signals der Probe und einer Standardprobe im Doppelresonator, wobei keine Linienüberlagerungen auftreten sollten. Die Anzahl der Zentren je Probe (bzw. die Konzentration der paramagnetischen Spezies) ergibt sich dann nach:

$$N = (A/A_{st})\, N_{st} \qquad (171)$$

$N_{st}$ ist die Zentrenzahl der Standardprobe und $A_{st}$ die Fläche unter deren Signal. Als Standard werden häufig Ultramarin ($g = 2{,}029$), DPPH oder Rubin verwendet. Die Grundlage für die Konzentrationsbestimmung ist die Proportionalität von Signalintensität und Konzentration der paramagnetischen Teilchen.

Besonders günstige Möglichkeiten bietet die ESR für die quantitative Bestimmung von Schwermetallionen. Brinkmann und Freiser [115] konnten durch Komplexierung mit Toluen-3.4-dithiol ($tdt^{2-}$) und anschließender Oxydation sowie Extraktion mit $CHCl_3$ Ni(II) und Pd(II) als $[Ni(tdt)_2]^-$ bzw. $[Pd(tdt)_2]^-$ im Mikrogrammbereich bestimmen. Da die Ni(III)- und Pd(III)-Chelate unterschiedliche $g_0$-Werte besitzen, gelingt der Nachweis auch nebeneinander.

Die hohe Selektivität und Empfindlichkeit der ESR kann ebenfalls zum Nachweis von Hauptgruppenelementen genutzt werden, wenn es gelingt, sie in paramagnetische Komplexe zu überführen. Ein hierzu geeigneter Ligand ist das 3,6-Di-tert-butyl-2(2-hydroxybenzylidenamino)hydrochinon. Gemäß Gl. (172) gelang STEGMANN u. a. der gleichzeitige Nachweis von $Pb^{2+}$, $Zn^{2+}$, $Cd^{2+}$ und $(C_2H_5)_2Tl^+$ mittels der ESR-Spektroskopie [116].

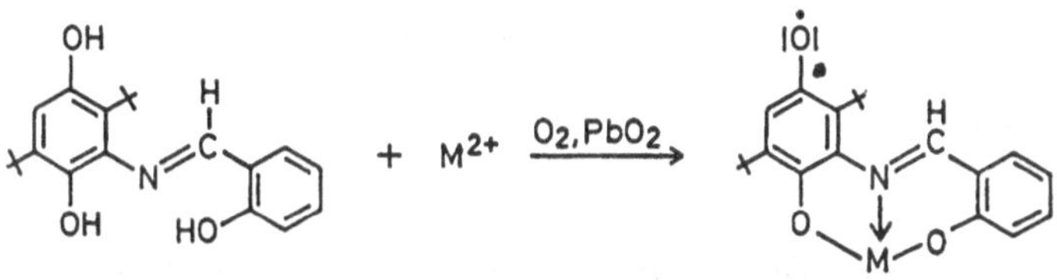


(172)

Bei Verwendung von $10^{-6}$ molaren Zinkacetat-Lösungen wurde ein Signal/Rausch-Verhältnis von 15:1 erreicht, was die Empfindlichkeit der Methode bei sehr geringen Probenmengen unterstreicht.

## 10. Doppelresonanzmethoden — ENDOR-Sektroskopie

Doppelresonanzmethoden haben in den letzten Jahren, obwohl sie einen wesentlich höheren apparativen Aufwand erfordern, stark an Bedeutung gewonnen. Sie werden heute im gesamten Spektralgebiet vom Hochfrequenz- bis zum UV-Bereich angewendet. Der Vorteil dieser Methoden liegt in der Verbesserung des Auflösungsvermögens, was durch die zusätzliche Einführung von Auswahlregeln erreicht wird, und in einer durch „Quantentransformationen" gesteigerten Nachweisempfindlichkeit. Das Prinzip vieler Doppelresonanzeffekte besteht in der beobachtbaren Intensitätsänderung einer Linie und einer Änderung entsprechender Besetzungszahlen durch das zweite Strahlungsfeld. Als Doppelresonanzverfahren der ESR haben sich die Electron Nuclear Double Resonance (*ENDOR*), die Electron electron Double Resonance (*ELDOR*) und der optische Nachweis der ESR (Optical Detected Magnetic Resonance, *ODMR*) entwickelt.

Die wohl breiteste Anwendung unter den genannten Methoden haben die ENDOR-Experimente gefunden. ENDOR ist, wie bereits aus der Bezeichnung der Methode hervorgeht, eine Variante der Kernresonanz, wobei dem ungepaarten Elektron die Rolle des Detektors zufällt [6, 119, 120].

## 10.1. Der ENDOR-Effekt

Betrachtet man ein paramagnetisches Zentrum mit $S = 1/2$ und $I = 1/2$, so ergibt sich mit dem Spin-HAMILTON-Operator (58) folgender Ausdruck für die Energieniveaus (2. Ordnung der Störungsrechnung vernachlässigt):

$$E(M_s, m_I) = g\beta_e H M_s + A M_s m_I - g_N \beta_N H m_I. \quad (173)$$

Entsprechend den Auswahlregeln sind die ESR-Übergänge mit:

$\Delta M_s = \pm 1$, $\Delta m_I = 0$, Resonanzbedingung $h\nu_e = g\beta_e H + A m_I$

und die NMR-Übergänge mit:

$\Delta M_s = 0$, $\Delta m_I = \pm 1$, Resonanzbedingung $h\nu_d{}^{\pm} = |g_N \beta_N H \pm M_s A|$

erlaubt, wobei $\nu_d{}^-$ die niedrigere („Differenzfrequenz") und $\nu_d{}^+$ die höhere („Summenfrequenz") Frequenz bezeichnet. Die Intensität der ESR- und NMR-Übergänge ist durch die quantenmechanische Übergangswahrscheinlichkeit, die Quantenenergie $\Delta E$ und den Besetzungsunterschied $\varepsilon$ der beteiligten Zustände bestimmt, der im thermischen Gleichgewicht proportional zu $\Delta E$ ist

$$N_1 = N_2 \cdot e^{-(\Delta E/kT)} \sim N_2(1 - \varepsilon). \quad (174)$$

Die Kernresonanzübergänge sind so schwach, daß sie bei der geringen Zahl paramagnetischer Zentren nicht beobachtet werden können. Um dies jedoch zu realisieren, wird beim ENDOR-Verfahren mit Hilfe des $H_1$-Feldes ein ESR-Übergang gesättigt, d. h., die Besetzungszahldifferenz der entsprechenden Niveaus wird verringert. Als Folge hiervon vermindert sich die Intensität des ESR-Signals. Gleichzeitig erhöht sich die relative Besetzungsdifferenz der Kernniveaus („Pumpen").

Durch Einstrahlung eines weiteren Hochfrequenzfeldes ($H_2$-Feld) mit der Frequenz $\nu_d$ wird nun ein Kernübergang induziert, der infolge der erhöhten Besetzungszahldifferenz wesentlich stärker ist. Er bewirkt durch eine erneute Umbesetzung der Niveaus eine Entsättigung des ESR-Signals. Der auf diese Art durchgeführte Nachweis der Kernresonanz bedeutet eine energetische Verstärkung durch Quantentransformation um den Faktor $\nu_e/\nu_d$. Der ENDOR-Effekt wird in Abb. 75 veranschaulicht, wobei vorausgesetzt wurde, daß die Spin-Gitter-Relaxationszeit des ungepaarten Elektrons lang genug ist (Größenordnung von Minuten) und andere

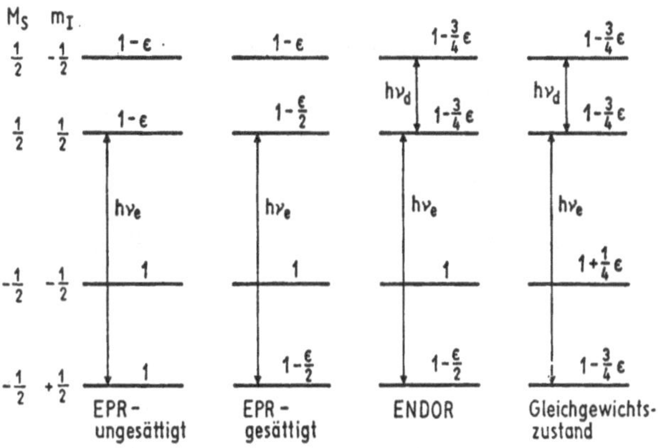


Abb. 75. Prinzip des ENDOR-Effekts

Relaxationsprozesse vernachlässigt werden können. In diesem Fall ist ein flüchtiges ENDOR-Signal zu erwarten, das mit einer der Spin-Gitter-Relaxationszeit $T_1$ vergleichbaren Zeitkonstante abklingt. Für viele paramagnetischen Systeme liegt $T_1$ bei 77 K zwischen $10^{-2}$ und $10^{-8}$ s. Das beobachtete stationäre ENDOR-Signal kann dann durch die Änderung von $T_1$ infolge der Sättigung eines Kernresonanzübergangs erklärt werden.

## *10.2. ENDOR-Spektren und deren Informationsgehalt*

Für ein paramagnetisches Zentrum mit $S = 1/2$ und $I = 1/2$ besteht das ENDOR-Spektrum aus zwei Linien. Ist die LARMOR-Frequenz $\nu_N = g_N\beta_N H/h$ größer als $\frac{|A|}{2}$, werden die Signale symmetrisch zu $\nu_N$ bei den Frequenzen $\nu_{d\pm} = \nu_N \pm \frac{|A|}{2}$ beobachtet. Der Abstand der ENDOR-Signale entspricht $|A|$. Gilt $\nu_N < \frac{|A|}{2}$ liegen die ENDOR-Frequenzen bei $\nu_{d\pm} = \frac{|A|}{2} \pm \nu_N$. Der Schwerpunkt des Spektrums ist $\frac{|A|}{2}$ und der Linienabstand beträgt $2\nu_N$. Nur ein Signal mit $\nu_{d^+} = \nu_N + \frac{|A|}{2}$ wird für $\frac{|A|}{2} \sim \nu_N$ beobachtet. Die Intensität der Linie mit $\nu_{d^-} = \nu_N - \frac{|A|}{2}$ ist sehr gering.

Mehrspinsysteme zeigen eine starke Abhängigkeit der ENDOR-Frequenzen von der magnetischen Spinquantenzahl des gesättigten Elektronenresonanzüberganges. Signale treten bei den Frequenzen $\nu_{d^\pm} = |AM_S - \nu_N|$ auf.

Neben der Kopplungskonstante $A$ können aus den ENDOR-Spektren auch Quadrupolwechselwirkungen ($I \geqq 1$) bestimmt werden. Aussagen zu Relaxations- und Austauschprozessen sind aus den Intensitätsverhältnissen der ENDOR-Signale möglich. Die Vorteile der ENDOR-Methode sollen zwei Beispiele verdeutlichen:

Beispiel 1:

Abbildung 76 zeigt das ESR- und ENDOR-Spektrum des Triphenylmethylradikals in Lösung. Obwohl das Radikal eine hohe Symmetrie besitzt, ist das ESR-Spektrum sehr kompliziert. Die 196 beobachteten Linien entstehen durch die Wechselwirkung des ungepaarten Elektrons mit sechs ortho-, sechs meta- und drei para-Protonen. Folgende Kopplungskonstanten wurden erhalten: $a^{\mathrm{H}}_{\mathrm{ortho}} = 7{,}31$ MHz, $a^{\mathrm{H}}_{\mathrm{meta}} = 3{,}21$ MHz und $a^{\mathrm{H}}_{\mathrm{para}} = 8{,}04$ MHz.

Das ENDOR-Spektrum besteht demgegenüber nur aus sechs Linien, die paarweise ($\nu_{d^\pm}$) den drei Gruppen magnetisch äquivalenter Kerne zuzuordnen sind. Die Kopplungskonstanten können mit großer Genauigkeit bestimmt werden. Dieser im Vergleich zur ESR enorme Gewinn an Auflösung ist der Hauptvorteil der ENDOR-Spektroskopie.

Beispiel 2:

Ebenso wie die ESR-Spektren sind auch die ENDOR-Spektren von Einkristallen winkelabhängig. Abbildung 77 zeigt das ENDOR-Spektrum eines $\mathrm{Cu/Zn(et_2dsc)_2}$-Einkristalls ($et_2dsc$ = Diethyldiselenocarbamat). Im Spektrum sind *hfs*-Wechselwirkungen des ungepaarten Elektrons mit $^{14}$N- und $^{13}$C-Kernen der Liganden sowie $^{77}$Se- und $^{1}$H-Kernen benachbarter Komplexmoleküle aufgelöst. Auch $^{63,65}$Cu-ENDOR-Spektren, die eine

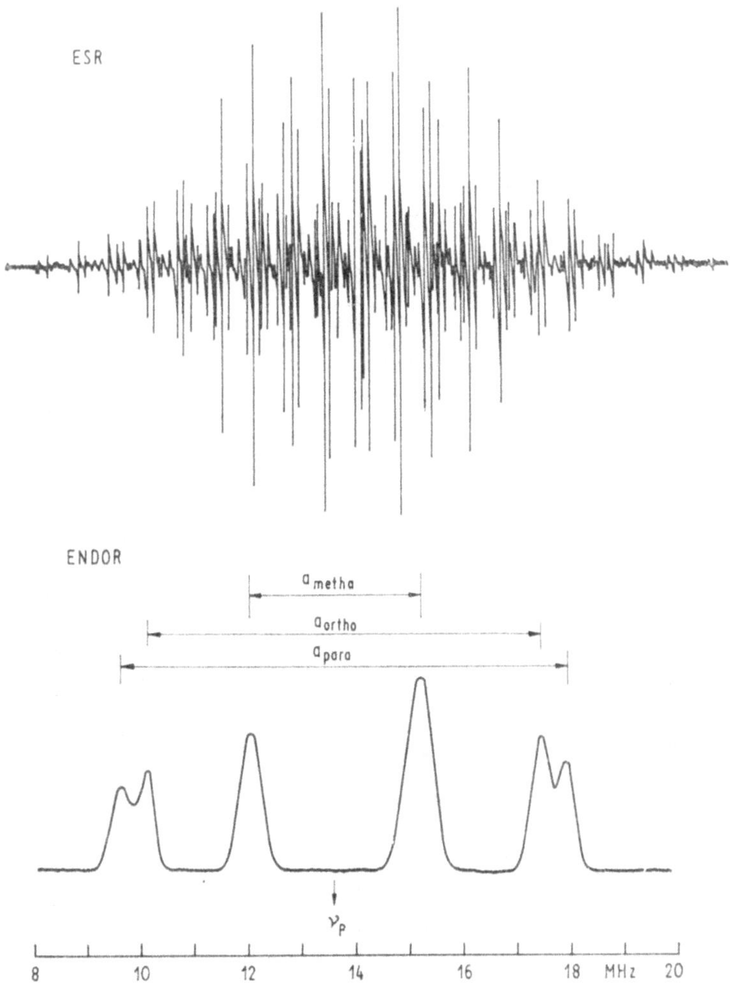


Abb. 76. X-Band-ESR- und ENDOR-Spektrum des Triphenylmethylradikals in Lösung

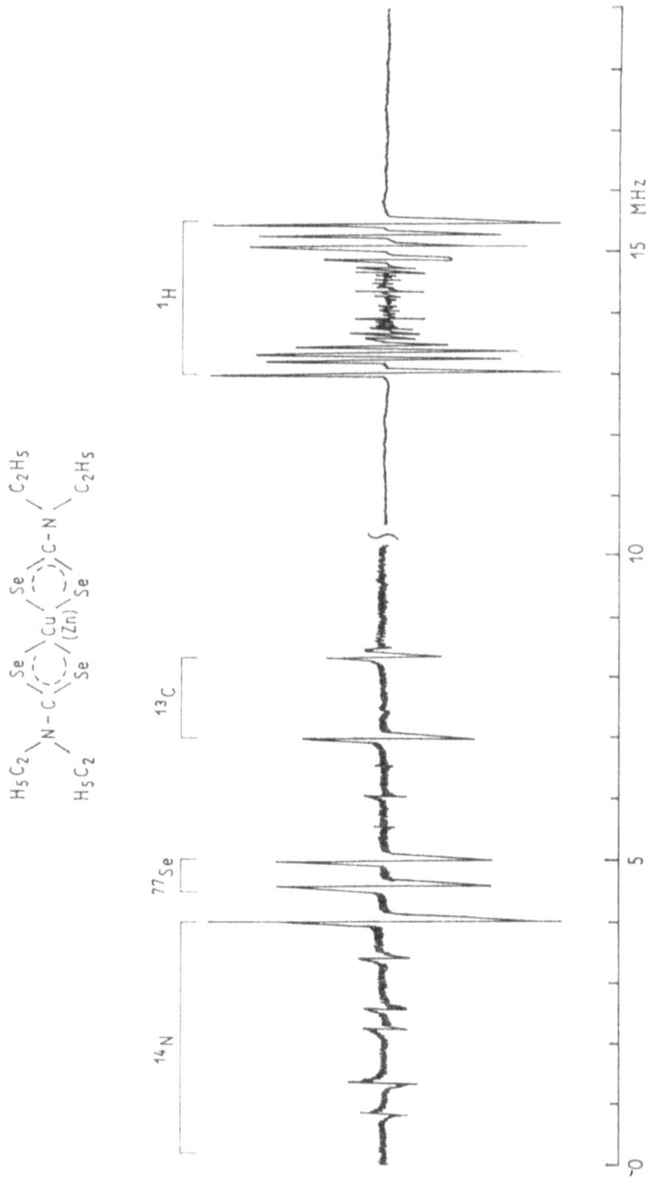


**Abb. 77.** ENDOR-Spektrum eines Cu/Zn(et$_2$dsc)$_2$-Einkristalls ($T$ = 4,2 K)

Analyse der Quadrupolwechselwirkung erlauben, können bei bestimmten Orientierungen des Kristalls bezüglich des Magnetfeldes registriert werden.

Die ESR-Spektren von Cu/Zn$(et_2dsc)_2$-Einkristallen zeigen $^{63,65}$Cu-*hfs*- und $^{77}$Se-Liganden-*hfs*-Signale, die nur eine Analyse der ersten Koordinationssphäre gestatten.

ENDOR-Spektren können nur erhalten werden, wenn das ESR-Spektrum einer Probe ein Signal-Rauschverhältnis von 500:1 ausweist und sich das ESR-Signal mit einer Mikrowellenleistung kleiner als 10 mW (Gütefaktor des Resonators ~ 5000) sättigen läßt. Für den ENDOR-Nachweis von paramagnetischen Übergangsmetallionen der 3*d*-Reihe sind hierzu Temperaturen kleiner 30 K erforderlich.

Der erhöhte experimentelle Aufwand und der Verlust an Empfindlichkeit gegenüber der ESR wird durch die in den ENDOR-Spektren erzielte Auflösung sowie den möglichen Nachweis mehrerer Kernsorten in einem Spektrum mehr als kompensiert.

# Literatur

*Monographien*


D. J. E. INGRAM, "*Free Radicals as Studied by Electron Spin Resonance*", Butterworth, London 1958

W. LOW, "*Paramagnetic Resonance in Solids*", Solid State Physics, Suppl. 2, Academic Press, New York 1960

G. E. PAKE, "*Paramagnetic Resonance*", Benjamin, New York, 1962

M. C. R. SYMONS, "*The Identification of Organic Free Radicals by Electron Spin Resonance*", in V. GOLD: "*Advances in Physical Organic Chemistry*", Bd. I Academic Press, New York 1963

G. SCHOFFA, „*Elektronenspinresonanz in der Biologie*", Springer-Verlag, Heidelberg 1964

C. P. SLICHTER, "*Principles of Magnetic Resonance*", Harper & Row, New York 1964

A. L. BUCHACHENKO, "*Stable Radicals*" (engl. Übersetzung), Consultants Bureau, New York 1965

L. A. BLJUMENFELD, W. WOJEWODSKI und A. G. SEMJONOW, „*Die Anwendung der paramagnetischen Elektronenresonanz in der Chemie*", Geest & Portig K. G., Leipzig 1966

B. R. MCGARVEY, "*Electron Spin Resonance of Transition Metal Complexes*", in: "*Transition Metal Chemistry*" (ed. R. L. CARLIN), Vol. 3, pp. 90—194, New York 1966

P. W. ATKINS und M. C. R. SYMONS, "*The Structure of Inorganic Radicals*", Elsevier, New York 1967

P. B. AYSCOUGH, "*Electron Spin Resonance in Chemistry*", Methuen, London 1967

A. CARRINGTON und A. D. MCLACHLAN, "*Introduction to Magnetic Resonance*", Harper & Row, New York 1967

C. POOLE, Jr., "*Electron Spin Resonance*", Intersience Publish, New York/London/Sydney 1967

A. ABRAGAM und B. BLEANEY, "*EPR of Transition Ions*", Clarendon Press, Oxford 1970

F. GERSON, „*Hochauflösende ESR-Spektroskopie*", Verlag Chemie, Weinheim 1970

E. G. ROSANTZEW, „*Freie Iminoxyl-Radikale*" (russ.), Verlag Chimija, Moskau 1970

K. SCHEFFLER und H. B. STEGMANN, „*Elektronenspinresonanz*", Springer-Verlag, Berlin/Heidelberg/New York 1970

S. A. ALTSCHULER und B. M. KOSYREW, „*Paramagnetische Elektronenresonanz von Übergangsmetallverbindungen*" (russ.), 2. überarb. Aufl., Verlag Nauka, Moskau 1972

J. WERTZ und J. BOLTON, "*Electron Spin Resonance*", McGraw Hill, New York 1972

N. M. ATHERTON, "*Electron Spin Resonance*", Ellis Horwood, Chichester 1973

A. L. BUCHACHENKO und A. M. WASSERMAN, „*Stabile Radikale*" (russ.), Verlag Chimija, Moskau 1973

I. N. MAROV und N. A. KOSTROMINA, „*EPR und NMR in der Chemie von Koordinationsverbindungen*" (russ.), Verlag Nauka, Moskau 1979

"*Chemical and Biochemical Aspect of Electron Spin Resonance*" (Autorenkoll.), Van Nostrand Reinhold Co., New York 1978

J. E. HARRIMAN, "*Theoretical Foundations of Electron Spin Resonance*", Harper & Row, New York 1978

*Fortschrittsberichte*

"Electron Spin Resonance", The Chemical Society, Burlington House, London ab 1972

*Literaturzitate*

[1] E. K. SAVOISKIJ, Autoreferat zur Dissertation, Moskau 1944

[2] A. ABRAGAM und M. H. L. PRYCE, Proc. Roy. Soc. London **A 205**, 135 (1951)

[3] B. BLEANEY, Proc. Phys. Soc. **73**, 939 (1959)

[4] B. BLEANEY, Phil. Mag. 42, 441 (1951)

[5] L. K. WHITE und R. L. BELFORD, J. Amer. Chem. Soc. **98**, 4428 (1976)

[6] A. SCHWEIGER, Structure and Bonding **51**, 1 (1982)

[7] D. ATTANASIO, C. P. KEIJZERS, J. P. VAN DE BERG und E. DE BOER, Mol. Phys. **31**, 501 (1976)

[8] C. P. KEIJZERS, G. F. M. PAULUSSEN und E. DE BOER, Mol. Phys. **29**, 973 (1975)

[9] F. K. KNEUBÜHL, J. Chem. Phys. **33**, 1074 (1960)

[10] G. VAN VEEN, J. Magn. Reson. **30**, 91 (1978)

[11] R. WILSON und D. KIVELSON, J. Chem. Phys. **44**, 154 (1966)

[12] J. C. HEMPEL, L. O. MORGAN und W. B. LEWIS, Inorg. Chem. **9**, 2064 (1970)

[13] E. PEDERSEN und H. TOFTLUND, Inorg. Chem. **13**, 1603 (1974)

[14] F. BLOCH, Phys. Rev. **70**, 460 (1946)

[15] H. S. GUTOWSKY, D. W. MCCALL und C. P. SLICHTER, J. Chem. Phys. **21**, 279 (1953)
[16] D. KIVELSON, J. Chem. Phys. **33**, 1094 (1960)
[17] H. S. GUTOWSKY und C. H. HOLM, J. Chem. Phys. **25**, 1228 (1956)
[18] G. K. FRAENKEL, J. Phys. Chem. **71**, 139 (1967)
[19] H. L. SCHLÄFER und G. GLIEMAN, „*Einführung in die Ligandenfeldtheorie*", Geest & Portig K.-G., Leipzig 1967
[20] A. J. FREEMAN und R. E. WATSON, „*Magnetism*", Vol. IIA, Eds. G. T. Rado und H. Suhl, New York 1965
[21] T. M. DUNN, Trans. Faraday Soc. **57**, 1441 (1961)
[22] R. KIRMSE, J. STACH und G. KREISEL, J. organometal. Chem. **210**, 73 (1981)
[23] B. R. MCGARVEY, J. Phys. Chem. **71**, 51 (1967)
[24] B. R. MCGARVEY, J. Chem. Phys. **38**, 388 (1963)
[25] G. F. KOSTER und H. STATZ, Phys. Rev. **113**, 445 (1959)
[26] S. A. ALTSCHULER und B. M. KOSYREW, „*Paramagnetische Elektronenresonanz von Übergangsmetallverbindungen*" (russ.), 2. überarb. Auflage, Verlag Nauka, Moskau 1972
[27] J. C. M. TSIBRIS und R. W. WOODY, Coord. Chem. Rev. **5**, 417 (1970)
[28] R. KIRMSE, L. BEYER und E. HOYER, Chem. Phys. Letters **49**, 544 (1977)
[29] R. HOFFMANN, J. Chem. Phys. **39**, 1397 (1963)
[30] M. WOLFSBERG und L. HELMHOLTZ, J. Chem. Phys. **20**, 837 (1952)
[31] S. WARTEWIG, Dissertation B, Leipzig 1979
[32] C. P. KEIJZERS und E. DE BOER, Mol. Phys. **29**, 1007 (1975)
[33] R. KIRMSE, J. STACH, W. DIETZSCH und E. HOYER, Inorg. Chim. Acta **26**, L53 (1978)
[34] R. KIRMSE, J. STACH, G. STEIMECKE, W. DIETZSCH und E. HOYER, Inorg. Chem. **19**, 2679 (1980)
[35] R. KIRMSE, J. STACH und G. KREISEL, Z. Chem. **20**, 420 (1980)
[36] R. KIRMSE, J. STACH und W. DIETZSCH, Inorg. Nucl. Chem. Letters **15**, 143 (1979)
[37] R. KIRMSE und E. HOYER, Z. anorg. allg. Chem. **399**, 199 (1973)
[38] W. DIETZSCH, J. REINHOLD, R. KIRMSE, E. HOYER, I. N. MAROV und V. K. BELJAEVA, J. inorg. nucl. Chem. **39**, 1377 (1977)
[39] I. N. MAROV und N. A. KOSTROMINA, „*EPR und NMR in der Chemie von Koordinationsverbindungen*" (russ.), Verlag Nauka, Moskau 1979
[40] I. N. MAROV, V. K. BELJAEVA, G. A. EVTIKOVA, R. KIRMSE, W. DIETZSCH und G. STEIMECKE, Koord. Chim. **4**, 1010 (1978)
[41] J. A. POPLE, W. G. SCHNEIDER und H. J. BERNSTEIN, "*High Resolution Nuclear Magnetic Resonance*", McGraw-Hill, New York 1959
[42] N. M. ATHERTON und G. R. LUCKHURST, Mol. Phys. **13**, 145 (1967)
[43] F. G. HERRING und R. L. TAPPING, J. Phys. Chem. **78**, 316 (1974)
[44] D. WALTHER, E. DINJUS, R. KIRMSE und J. STACH, unveröffentlichte Ergebnisse
[45] I. N. MAROV, V. K. BELJAEVA, M. N. WARGAFTIK, G. A. EVTIKOVA, E. HOYER, R. KIRMSE und W. DIETZSCH, Z. neorg. Chim. **25**, 188 (1980)

[46] Siehe [26], Anhang 2.
[47] R. E. DE SIMONE, J. Amer. Chem. Soc. **95**, 6238 (1973)
[48] J. H. ENEMARK und R. D. FELTHAM, Coord. Chem. Rev. **13**, 339 (1974)
[49] C. DAUL, C. W. SCHLÄPFER und A. v. ZELEWSKY, Structure and Bonding **36**, 129 (1979)
[50] W.-H. BÖHMER, J. STACH und R. KIRMSE, unveröffentlichte Ergebnisse
[51] R. L. LANCASHIRE, T. D. SMITH und J. R. PILBROW, J. C. S. Dalton **1979**, 66
[52] S. A. COTTON und J. F. GIBSON, J. Chem. Soc. **A 1971**, 803
[53] A. ABRAGAM und B. BLEANEY, "*EPR of Transition Ions*", Clarendon Press, Oxford 1970
[54] H. A. BUCKMASTER und Y. H. SHING, phys. stat. solidi (a) **12**, 325 (1972)
[55] L. A. BOATNER und M. M. ABRAHAM, Rep. Progr. Phys. **41**, 87 (1978)
[56] S. A. ALTSCHULER, R. KIRMSE und B. V. SOLOVEV, J. Phys. C **8**, 1907 (1975)
[57] T. D. SMITH und J. R. PILBROW, Coord. Chem. Rev. **13**, 173 (1974)
[58] W. WINDSCH und G. VÖLKEL, Ferroelectrics **9**, 187 (1975)
[59] W. WINDSCH und G. VÖLKEL, Ferroelectrics **24**, 195 (1980)
[60] R. S. EACHUS und R. E. GRAVES, J. Chem. Phys. **63**, 83 (1975)
[61] R. S. EACHUS, R. E. GRAVES und M. T. OLM, phys. status solidi (a) **57**, 429 (1980)
[62] H. PICK, Springer tracts in modern physics **38**, 1 (1965)
[63] F. GERSON, „*Hochauflösende ESR-Spektroskopie*", Verlag Chemie, Weinheim 1967
[64] J. K. S. WAN, S. K. WONG und D. A. HUTCHINSON, Accounts Chem. Res. **7**, 58 (1974)
[65] J. GENDELL, J. H. FREED und G. K. FRAENKEL, J. Chem. Phys. **41**, 949 (1964)
[66] M. OTTO, J. STACH, R. KIRMSE und G. WERNER, Talanta **28**, 345 (1981)
[67] R. MAYER, G. DOMSCHKE, S. BLEISCH, A. BARTL und A. STAŠKO, Z. Chem. **21**, 264 (1981)
[68] T. COLE, H. O. PRITCHARD, N. R. DAVIDSON und H. M. MCCONNELL, Mol. Phys. **1**, 406 (1958)
[69] H. M. MCCONNELL, J. Chem. Phys. **24**, 632 (1956)
[70] H. M. MCCONNELL und D. B. CHESNUT, J. Chem. Phys. **28**, 107 (1958)
[71] J. R. BOLTON, Mol. Phys. **6**, 219 (1963)
[72] F. GERSON, B. WEIDMANN und E. HELLBRONNER, Helv. Chim. Acta **47**, 1951 (1964)
[73] J. R. BOLTON und G. K. FRAENKEL, J. Chem. Phys. **40**, 3307 (1964)
[74] S. H. GLARUM und L. C. SNYDER, J. Chem. Phys. **36**, 2989 (1962)
[75] L. C. LEWIS und L. S. SINGER, J. Chem. Phys. **43**, 2712 (1965)
[76] A. CARRINGTON und J. DOS SANTOS-VEIGA, Mol. Phys. **5**, 21 (1962)

[77] H. L. Strauss, T. J. Katz und G. K. Fraenkel, J. Amer. Chem. Soc. **85**, 2360 (1963)
[78] F. W. King, Chem. Rev. **76**, 157 (1976)
[79] M. Karplus und G. K. Fraenkel, J. Chem. Phys. **35**, 1312 (1961)
[80] A. Hudson und G. R. Luckhurst, Chem. Rev. **69**, 191 (1969)
[81] N. M. Atherton, F. Gerson und J. N. Murrell, Mol. Phys. **5** 509 (1962)
[82] E. A. C. Lucken, Theoret. Chim. Acta **1**, 397 (1963)
[83] P. D. Sullivan, J. Amer. Chem. Soc. **90**, 3618 (1968)
[84] I. Degani, L. Lunazzi, G. F. Pedulli, C. Vincenzi und A. Mangini, Mol. Phys. **18**, 613 (1970)
[85] I. H. Freed und G. K. Fraenkel, J. Chem. Phys. **37**, 1156 (1962)
[86] M. Barfield, J. Chem. Phys. **53**, 3836 (1970)
[86] R. W. Fessenden und R. H. Schuler, J. Chem. Phys. **43**, 2704 (1965)
[88] E. G. Janzen, Acc. Chem. Res. **4**, 31 (1971)
[89] S. Terabe, K. Kumura und R. Konaka, J. C. S. Perkin II **1973**, 1252
[90] S. Terabe und R. Konaka, J. C. S. Perkin II **1973**, 369
[91] E. G. Janzen und B. J. Blackburn, J. Amer. Chem. Soc. **90**, 5909 (1968)
[92] A. Mackor, T. A. W. Wajer und T. J. de Boer, Tetrahedron Letters **1968**, 1623
[93] E. G. Janzen und I. P. Liu, J. Magn. Reson. **9**, 510 (1973)
[94] S. S. Eaton und G. R. Eaton, Coord. Chem. Rev. **26**, 207 (1978)
[95] L. J. Berliner, "*Spin Labeling: Theory and Applications*", Academic Press, New York, Part I: 1976, Part II: 1979
[96] J. R. Morton, Chem. Rev. **64**, 453 (1964)
[97] H. G. Heller und H. M. McConnel, J. Chem. Phys. **32**, 1535 (1960)
[98] L. D. Kispert, R. Reeves und T. C. S. Chen, J. C. S. Faraday Trans. II **74**, 871 (1978)
[99] H. Levanon und J. R. Norris, Chem. Rev. **78**, 189 (1978)
[100] M. Schwoerer und H. Wolf, Molec. Crystals **3**, 177 (1967)
[101] E. Wassermann, V. J. Kuck, R. S. Hutton, E. D. Anderson und W. A. Yager, J. Chem. Phys. **54**, 4120 (1971)
[102] E. Wassermann, A. M. Trozzow, W. A. Yager und R. W. Murray, J. Chem. Phys. **40**, 2408 (1964)
[103] R. A. Bernheim, R. J. Kempf, J. V. Gramas und P. S. Shell, J. Chem. Phys. **43**, 196 (1965)
[104] J. A. R. Coope, J. B. Farmer, C. L. Garder und C. A. McDowell, J. Chem. Phys. **42**, 54 (1965)
[105] R. Briere, R. M. Dupigre, H. Lemaire, C. Morat, A. Rassat und P. Rey, Bull. Soc. Chim. France **1965**, 3290
[106] C. K. Yen, S. N. Foner, E. L. Cochran und V. A. Bowers, Phys. Rev. **112**, 1169 (1958)
[107] R. Livingstone, H. Zeldes und E. H. Taylor, Discuss. Faraday Soc. **19**, 166 (1955)

[108] J. L. Hall und R. T. Schumacher, Phys. Rev. **131**, 2839 (1963)
[109] A. J. Tench, T. Lawson und J. F. J. Kibblewithe, J. C. S. Faraday Trans. I 68, 1169 (1972)
[110] T. G. Castner und W. J. Känzig, J. Phys. Chem. Solids **3**, 178 (1957)
[111] B. Burton, T. A. Claxton, S. J. Hamshere, H. E. Marshall, R. E. Overille und M. C. R. Symons, J. C. S. Dalton **1976**, 2446
[112] M. S. Lappert und P. W. Lednor, Advances Organomet. Chem. **14**, 345 (1976)
[113] E. Dinjus, D. Walther, R. Kirmse und J. Stach, J. Organometal. Chem. **198**, 215 (1980)
[114] P. W. Atkins und M. C. R. Symons, "*The Structure of Inorganic Radicals*", Elsevier, New York 1967
[115] W. J. Brinkmann und H. Freiser, Anal. Letters **4**, 513 (1971)
[116] H. B. Stegmann, M. Schnabel und K. Scheffler, Angew. Chem. **91**, 1007 (1979)
[117] J. P. Colpa und J. R. Bolton, Mol. Phys. **6**, 273 (1963)
[118] J. A. Pople und D. L. Beveridge, "*Approximate Molecular Orbital Theory*", McGraw-Hill, New York 1970
[119] L. Kevan und L. Kispert, "*Electron Spin Double Resonance Spectroscopy*", John Wiley and Sons, New York 1976
[120] M. M. Doris und J. H. Freed, "*Multiple Electron Resonance Spectroscopy*", Plenum Press, New York 1979

# 12. Sachregister

*Die Verfasser*

- **behandeln das Prinzip und die Grundlagen der ESR-Spektroskopie**

- **geben eine Einführung in die Spektrentheorie, das Konzept des Spin-*Hamilton*-Operators und in die Spektrenanalyse**

- **beschreiben anhand ausgewählter Beispiele das Vorgehen bei der Interpretation der Spektren zur Ableitung von Aussagen zur Struktur, Symmetrie und chemischen Bindung paramagnetischer Moleküle sowie zu chemischen Gleichgewichten und dynamischen Prozessen**

- **stellen Einsatzgebiete und Anwendungsmöglichkeiten der ESR-Spektroskopie in unterschiedlichen Teilgebieten der Chemie vor**

WISSENSCHAFTLICHE TASCHENBÜCHER

FSC
www.fsc.org
MIX
Papier | Fördert gute Waldnutzung
FSC® C083411

Zeitfracht Medien GmbH
Ferdinand-Jühlke-Straße 7
99095 Erfurt, Deutschland
produktsicherheit@kolibri360.de